文科系のための
応用数学入門

小林みどり 著

共立出版

まえがき

　この本は，身近でおもしろい応用数学の問題，特に経営数学やグラフ理論に関する話題を取り上げ，その数学的な考え方にふれてもらうことを目的としています．

　数学の考え方といっても，高校までの数学とは違い，複雑な計算や公式などとは無縁です．高校で習った微分・積分や $\sin x$，$\cos x$，$\log x$ などのようなむずかしい数学は一切使いません．この本で使うのは，たし算，ひき算，かけ算，わり算のみです．しかし，内容は高度なことを扱っています．

　学生向きの数学の本の中には比較的やさしく書かれているものもありますが，それでも数式はたくさん出てきます．数式を使う方が明確になるという利点はありますが，文系学生にとってはそれがわかりにくくなる原因となっているようです．この本では数式は極力使わず，やさしい表現を用いてわかりやすく説明するようにしました．

　この本は，今，手にして読んでいるあなたのために書きました．楽しくておもしろい話題で，しかも結果の美しいものだけを題材として選んであります．おもしろい話題でも結果に魅力が感じられない題材は除きました．

　この本を書くにあたり，静岡県立大学における，（故）中村義作教授の講義から題材をいただきました．ここに御礼申し上げます．また，演習問題作成に協力してくれた静岡県立大学経営情報学部の皆さんに感謝いたします．さらに，執筆を勧めてくださった旧牧野書店の牧野末喜氏のご好意に感謝申し上げます．

　再版にあたり共立出版の石井徹也氏に大変お世話になりました．この場をかりて御礼申し上げます．

2021 年 3 月

著　者

i

目　　次

本書の構成

　どの章も独立して読めるように書かれているが，原則として，矢印のある所はその順序で読むのが望ましい.

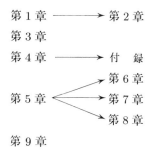

第 1 章

マッチング

　何人かの人といくつかの仕事があり，誰がどの仕事をできるかがわかっているとする．すべての人に 1 人 1 つずつの仕事を割り当てたいが，それが可能な場合と，どう工夫しても不可能な場合とがある．この章では，その問題に関するいくつかの定理を紹介する．

1.1　はじめに

　ある会社では 4 人の学生 A, B, C, D をアルバイトとして雇った．やってほしい仕事はワープロ，宛名書き，帳簿記入，接待，コピーとりの 5 つである．1 人の学生に 1 つの仕事を割り当てたいが，人にはそれぞれ適性があるので，どの人にどの仕事をさせても満足できる成果が得られるとは限らない．

　そこで，4 人の学生がどの仕事に適性があるかを調べて，それを図に表したところ図 1.1 のようになった．ワープロ，宛名書き，帳簿記入，接待，コ

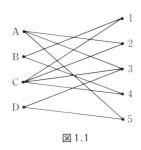

図1.1

1

ピーとりの 5 つの仕事を，それぞれ 1, 2, 3, 4, 5 と書くことにする．線で結んだところは適性ありと判断されたところであり，線で結んでいないところは適性なしと判断されたところである．

　この場合，全員を適性のある 1 つずつの仕事に割り当てることが可能だろうか．

　たとえば，A を 5，B を 1，C を 3 と割り当てると，D のできる仕事がなくなってしまう．

　このように，何も考えずに勝手に決めていくと，全員に仕事を割り当てることができなくなることもある．また，どんなに工夫しても，全員に仕事を割り当てることができない場合があるかもしれない．

　この章では，一般に，n 人の人と m 個の仕事があり，各人が各仕事に適性があるかどうかがわかっているとき，全員を適性のある 1 つずつの仕事に割り当てることができるためには，どういう条件が必要かを考える．

　n 人の人の集合を X，m 個の仕事の集合を Y とする．X と Y との間には適性を示す線が描かれているとする．そのとき，すべての人に対して 1 つずつ仕事を割り当てることができるとき，その割当てを X から Y への **完全マッチング** という．

　図 1.1 の例では，$X = \{A, B, C, D\}$，$Y = \{1, 2, 3, 4, 5\}$ であり，たとえば，

A–3，B–1，C–4，D–5

は X から Y への完全マッチングである．また，

A–2，B–4，C–1，D–3

も X から Y への完全マッチングである．

　次に図 1.2 の例を考えてみよう．たとえば，A–1，B–3 と割り当てると，

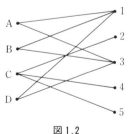

図 1.2

D にはできる仕事がなくなってしまう. また, A–3, B–1 と割り当てても,
D にはできる仕事がなくなってしまう. したがって, この例の場合は X から
Y への完全マッチングを作ることは不可能である.

　なぜ不可能なのだろうか. この例では A, B, D の 3 人ができる仕事は 1, 3
の 2 つしかない. つまり, 3 人ができる仕事がたった 2 つしかない. 完全マッ
チングを作るためには, 3 人ができる仕事は少なくとも 3 つはないと困る.
一般に, k 人の人ができる仕事は k 個はないと困る. なぜなら, そうでない
と, その k 人の人に仕事を割り当てることは不可能だからである.

　完全マッチングが存在した図 1.1 では, k を $1 \leq k \leq 4$ の任意の数とした
とき, どの k 人を考えても, その k 人のできる仕事は必ず k 個以上ある.

　このように, 一般に, 完全マッチングが存在するならば, 任意の k 人に対
して, それらの人々ができる仕事の個数は k 個以上であるはずである. (ここ
で, k は $1 \leq k \leq n$ の任意の整数である.)

　では, その逆のこともいえるのだろうか. すなわち, $1 \leq k \leq n$ である任
意の k について, どの k 人を考えても, その k 人の人ができる仕事の個数
が常に k 個以上であれば, 必ず完全マッチングは存在するのであろうか.

1.2　ホールの結婚定理

　前節では, X を人の集合, Y を仕事の集合とし, 人と仕事の間の対応関係
を考えたが, 人と仕事の場合だけでなく, いろいろな 2 種類のものの間の対
応関係にも適用することができる.

例 1.1　男性 n 人, 女性 n 人でダンスパーティーに行くことにした. X を n
人の男性の集合, Y を n 人の女性の集合とする. ペアを組んでもよいと思っ
ている 2 人を線で結ぶことにする. 全員がダンスパーティーで楽しく過ごす
ためには, 完全マッチングが存在することが必要である.

例 1.2　S 大学 AI 学部は教員数 20 名の小さな学部であるが, 委員会は 12 個
もある. 各委員会から 1 人ずつ委員長を選出したいが, その際, 1 人の人が
2 つ以上の委員会の委員長にはならないようにしたい. そのように委員長を

選出することは可能だろうか．この場合は，X を委員会の集合，Y を教員の集合とし，教員が委員会のメンバーであるとき，その教員とその委員会を線で結ぶことにすると，上記のように委員長を選出することは，X から Y への完全マッチングを作ることに相当する．

例 1.3 S 高校の水泳部には 3 年生の選手が 5 名いる．その 5 名がある大会に出場することとなった．種目は自由形，平泳ぎ，背泳，バタフライ，個人メドレーの 5 種目あり，1 人が 1 種目に出場する．苦手な種目もあるので，5 人に，出場してもよいと思う種目を選んでもらった．全員の出場種目を決めることは完全マッチングを求めることと同じである．

このほかにもいろいろな例があげられる (演習問題 1)．今後は，一般に，X を n 個の点の集合，Y を m 個の点の集合とし，X の点と Y の点との間に，図 1.3 のように何らかの関係を示す線が何本か描かれているとして話を進めていく．

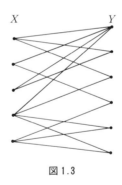

図 1.3

完全マッチングが存在するための条件についての前節の疑問に答えるのが，ホール (P.Hall) の結婚定理と呼ばれている次の定理である．

定理 1.1 (ホールの結婚定理) n, m をそれぞれ X, Y に属する点の個数とする．X から Y への完全マッチングが存在するための必要十分条件は，k を $1 \leq k \leq n$ である任意の整数とするとき，X のどの k 個の点に対しても，それら k 個の点から線のひかれている Y の点が k 個以上存在することである．

証明 完全マッチングが存在するならば，X の任意の k 個の点に対して，それらの点から線のひかれている Y の点は k 個以上あるはずである．

以下，その逆の命題も成り立つことを示す．すなわち，「X の任意の k 個の点 $(1 \leq k \leq n)$ に対して，それらの点から線のひかれている Y の点が常に k 個以上あるならば，X から Y への完全マッチングが存在する」ことを，n に関する数学的帰納法で証明する．

まず $n = 1$ のときは，その 1 個の点から線のひかれている Y の点は 1 個は存在するので，それが完全マッチングを与える．

次に $n = 2$ のとき (その必要はないが考えてみると)，その 2 個の点から線のひかれている Y の点は 2 個以上存在し，かつ，どの点からも 1 個以上の Y の点に線がひかれている．したがって，完全マッチングを作ることが可能である．

そこで，l を 1 以上の整数とし，$n = l$ まで上の命題が成り立つと仮定して，$n = l+1$ のときを考える．

次の 2 つの場合に分けて考える．場合 1 はゆとりのある場合であり，場合 2 はゆとりのない場合である．

(場合 1) X のどの k 個の点 $(1 \leq k \leq l)$ を考えても，その k 個の点から k 個より多くの Y の点に線がひかれている場合．

X の $l+1$ 個の点の中から任意に 1 個を選び，その点を A とおく．点 A から線がひかれている Y の点をどれでもよいから 1 つ選び，その点を B とおく．点 A と点 B を対応させる．

そして，残りの l 個の X の点の集合を X'，残りの $m-1$ 個の Y の点の集合を Y' とおく．$1 \leq k \leq l$ である任意の整数 k について，X' のどの k 個の点に対しても，その k 個の点から線のひかれている Y' の点は k 個以上ある．よって，帰納法の仮定より，X' から Y' への完全マッチングが存在する．

点 A，B の対応とあわせて，X から Y への完全マッチングが得られる．

(場合 2) X に，ある k_0 個の点があり，その k_0 個の点からちょうど k_0 個の Y の点に線がひかれている場合 (ここで k_0 は $1 \leq k_0 \leq l$).

(i) その k_0 個の X の点の集合を X_1 とおき，X_1 の点から線のひかれてい

る Y の点の集合を Y_1 とする．$(X_1$ も Y_1 も，ともに k_0 個の点からなる.)

帰納法の仮定より，X_1 から Y_1 への完全マッチングが存在する．

(ii) X_1 以外の X の点の集合を X_2，Y_1 以外の Y の点の集合を Y_2 とおき，X_2 の点と Y_2 の点について考える．$(X_2$ は $(l+1)-k_0$ 個の点，Y_2 は $m-k_0$ 個の点からなる.)

X_2 の任意の k 個の点 $(1 \leq k \leq (l+1)-k_0)$ に対して，それらの点から線がひかれている Y の点は k 個以上あるが，Y_2 の中だけで考えても k 個以上ある．なぜなら，もし k 個以上ないとすると，先ほどの X_1 の点 $(k_0$ 個の点) とあわせた $k+k_0$ 個の $(X$ の) 点から線のひかれている Y の点が $k+k_0$ 個以上ないことになり，はじめの仮定に矛盾するからである．

よって，帰納法の仮定により，X_2 から Y_2 への完全マッチングが存在する．

(i)，(ii) をあわせて，X から Y への完全マッチングが得られる．

(証明終)

系 1.1 X のどの点からも t 本以上の線が出ていて，Y のどの点からも t 本以下の線が出ているとする．そのとき，X から Y への完全マッチングが存在する．

証明 X の任意の k 個の点を考えると，それらの点から全部で線が kt 本以上出ている．したがって，Y の k 個以上の点にそれらの線が入っていくはずである．　(証明終)

系 1.2 X のどの点からもちょうど t 本の線が出ていて，Y のどの点からもちょうど t 本の線が出ているとき，X から Y への完全マッチングが存在する．

1.3 結婚定理の応用

A を各成分が 0 か 1 である正方行列とする．たとえば，次のような行列とする．

$$A = \begin{pmatrix} 0 & 0 & 1 & 1 & 0 & 0 \\ 0 & 1 & 1 & 0 & 1 & 1 \\ 1 & 1 & 0 & 1 & 0 & 0 \\ 1 & 1 & 1 & 0 & 1 & 1 \\ 0 & 1 & 1 & 1 & 1 & 1 \\ 1 & 1 & 1 & 0 & 0 & 1 \end{pmatrix}$$

行列の行または列のことをまとめて線と呼ぶことにする. 2つの0について, それらが同じ線の上にないとき, その2つの0は **独立** であるという. たとえば, 上の A において, 第1行第1列の0と第2行第4列の0は独立である. 3つ以上の0についても同様に, そのうちのどの2つの0も同じ線の上にないとき, それらは **独立** であるという. たとえば, 行列 A の第1行第1列の0, 第2行第4列の0, 第3行第3列の0, 第6行第5列の0は独立である.

独立というのは, 将棋盤の上に飛車がいくつかおいてあるとき, 図1.4のように, どの飛車も互いにとりあうことができない位置関係を表している.

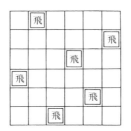

図1.4

上の行列 A は6次正方行列なので, 独立な0は6個まで選べる可能性がある. しかし A の場合, 6個の独立な0を選ぶことは不可能である. なぜなら, 第4行と第5行には0が1つずつしかないので, それらの0を選ぶことにすると, 第2行からそれらの0と独立な0を選ぶことができない. しかし, 5個の独立な0を選ぶことは次のように可能である.

$$A = \begin{pmatrix} 0 & ⓪ & 1 & 1 & 0 & 0 \\ 0 & 1 & 1 & 0 & 1 & 1 \\ 1 & 1 & 0 & 1 & 0 & ⓪ \\ 1 & 1 & 1 & ⓪ & 1 & 1 \\ ⓪ & 1 & 1 & 1 & 1 & 1 \\ 1 & 1 & 1 & 0 & ⓪ & 1 \end{pmatrix}$$

さて，A には 0 が全部で 13 個あるが，これらの 0 を消すために線をひいてみる．6 本の線があればすべての 0 を消すことができるのはあたりまえであるが，それよりも少ない本数で消すことができるかどうかを考えてみる．すると，次のように，5 本の線があればすべての 0 を消すことができる．

$$A = \begin{pmatrix} 0 & 0 & 1 & 1 & 0 & 0 \\ 0 & 1 & 1 & 0 & 1 & 1 \\ 1 & 1 & 0 & 1 & 0 & 0 \\ 1 & 1 & 1 & 0 & 1 & 1 \\ 0 & 1 & 1 & 1 & 1 & 1 \\ 1 & 1 & 1 & 0 & 0 & 1 \end{pmatrix}$$

では，4 本の線でもすべての 0 を消すことができるだろうか．A には独立な 0 が 5 個あったが，独立な 0 というのは同じ線上にはないということなのだから，1 本の線で 2 個以上の独立な 0 を消すということは不可能である．

したがって，A のすべての 0 を消すために，線は 5 本はぜひ必要であるということがわかる．このように，独立な 0 の最大個数と，すべての 0 を消すために必要な線の最少本数との間にはある関係が存在する．それが次のケーニッヒ (König) の定理である．

定理 1.2 (ケーニッヒの定理)　A を成分が $0, 1$ からなる n 次正方行列とする．A の独立な 0 の最大個数は，すべての 0 を消すために必要な線の最少本数に等しい．

証明　M を独立な 0 の最大個数とする．m をすべての 0 を消すために必要な線の最少本数とする．

1 本の線で，独立な 2 つの 0 を消すことは不可能であるから，すべての 0 を消すには少なくとも M 本の線が必要である．よって $M \leq m$ であることがわかる．したがって，$M = m$ を証明するには $m \leq M$ であることを示せばよい．そのためには m 個の独立な 0 を選ぶことができることを示せばよい．

　m 本の線で行列 A のすべての 0 が消されているとする．その m 本の線は r 個の行と s 個の列からなるとする $(m = r + s)$．その r 個の行は第 1 行から第 r 行まで，s 個の列は第 1 列から第 s 列までとなるように，行と列を移動させておくことにする．たとえば，

$$A = \begin{pmatrix} 0 & 0 & 1 & 1 & 0 & 0 \\ 0 & 1 & 1 & 0 & 1 & 1 \\ 1 & 1 & 0 & 1 & 0 & 0 \\ 1 & 1 & 1 & 0 & 1 & 1 \\ 0 & 1 & 1 & 1 & 1 & 1 \\ 1 & 1 & 1 & 0 & 0 & 1 \end{pmatrix}$$

のとき，線のひいてある行を上へ移動させて

$$A = \begin{pmatrix} 0 & 0 & 1 & 1 & 0 & 0 \\ 1 & 1 & 0 & 1 & 0 & 0 \\ 1 & 1 & 1 & 0 & 0 & 1 \\ 0 & 1 & 1 & 0 & 1 & 1 \\ 1 & 1 & 1 & 0 & 1 & 1 \\ 0 & 1 & 1 & 1 & 1 & 1 \end{pmatrix}$$

とし，次に，線のひいてある列を左に移動させて

$$A = \begin{pmatrix} 0 & 1 & 0 & 1 & 0 & 0 \\ 1 & 1 & 1 & 0 & 0 & 0 \\ 1 & 0 & 1 & 1 & 0 & 1 \\ 0 & 0 & 1 & 1 & 1 & 1 \\ 1 & 0 & 1 & 1 & 1 & 1 \\ 0 & 1 & 1 & 1 & 1 & 1 \end{pmatrix}$$

としておく．すると，この例のように，0 を消す線は最初の r 行と最初の s 列となる．したがって，線のひかれていない部分はひとまとまりになり，成分はすべて 1 である (注：点線で囲まれた部分)．

　このように行と列を移動させたのち，第 1 行から第 r 行までを X，第 $s+1$ 列から第 n 列までを Y とおく．X の各行に対して，Y の各列に 0 があれば，そこを線で結ぶ．

　たとえば上の例では，第 1 行については第 3 列，第 5 列，第 6 列に 0 があるので，それらの間を線で結ぶ．第 2 行，第 3 行についても同様にすると図 1.5 のようになる．

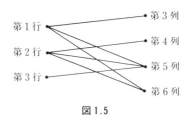

図 1.5

　こうしてできる X の点と Y の点の間の関係は，ホールの結婚定理の条件をみたしている．なぜなら，X のある k 個の行について，それらから線のひかれている列が k' 個しかなかったとすると $(k' < k)$，その k 個の行のかわりに k' 個の列を採用してもすべての 0 を消すことができる．そうすると，m 本の線より少ない線ですべての 0 を消すことができることになり矛盾するからである．

　したがって，ホールの結婚定理より，X から Y への完全マッチングが存在する．その完全マッチングを

　　　　第 1 行 – 第 j_1 列，第 2 行 – 第 j_2 列，$\cdots$，第 r 行 – 第 j_r 列

とすると，A の第 1 行第 j_1 列，第 2 行第 j_2 列，$\cdots$，第 r 行第 j_r 列にある 0 は独立である．このように r 個の独立な 0 を選ぶ．

　次に，第 1 列から第 s 列についても同様のことを行い，s 個の独立な 0 を選ぶ．これら r 個の 0 と s 個の 0 は，選んだ場所は図 1.6 のようになっているので，当然独立である．

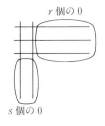

図 1.6

以上より，$r + s = m$ 個の独立な 0 を選ぶことができた． （証明終）

演習問題 1

1.1 A，B，C，D，E の 5 人は，外国留学の経験を生かして，月～金の夕方，英会話教室を開くことにした．教室に出られる曜日はその人によってまちまちである．都合のつく曜日は，A は月水木金，B は月火木，C は月金，D は月水，E は水金である．どの人をどの曜日に割り当てればよいか．

1.2 A，B，C の 3 兄弟は，母親が働きに出るようになったので，家事 $1, 2, 3, 4, 5$ を分担することにした．A は家事 $1, 2, 3, 4$ ができ，B は家事 $3, 4, 5$ ができ，C は家事 $2, 4$ ができる．担当する家事の個数は，A，B はそれぞれ 2 個，C は 1 個とする．それぞれ，どの家事を分担すればよいか．（ヒント：A を A_1，A_2，B を B_1，B_2 と考える．）

1.3 9 人の仲間がある野球の試合に出場することになった．9 人のポジションを決めたいが，それぞれの人の適性は図 1.7（次頁）のようになっている．全員のポジションを決定せよ．

1.4 20 人ずつの男女がいる．各男子には 2 人ずつガールフレンドがいて，各女子には 2 人ずつボーイフレンドがいる．そのとき，2 人が互いにガールフレンドとボーイフレンドであるような男女のペアを 20 組作ることができることを示せ．

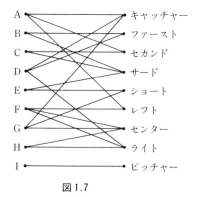

図 1.7

第 2 章

割当て問題

n 人の人と n 個の仕事があり，それぞれの人がそれぞれの仕事をしたときに得られる利益が予想されているとする．そのとき，どの人にどの仕事を割り当てると全体の利益が最大になるか，という問題を割当て問題という．これは前章のマッチングの拡張であると考えられる．この章では，割当て問題の巧みな解法を紹介し，また，その応用例について述べる．

2.1 はじめに

デパートにネクタイ売場，靴売場，子供用品売場，スポーツ用品売場があり，A，B，C，D が 1 人ずつそれらの売場につくことになっている．人にはそれぞれ向き不向きがあるので，誰をどこに配置するかで売上げが変わってくる．それぞれの人が 4 つの売場についたときの売上げの予想は表 2.1 のようになっている．

誰をどこに配置すると総売上げが一番多くなるだろうか．このような配置を求める問題を **割当て問題** という．

表 2.1 1 日の売上げ (単位 万円)

	ネクタイ	靴	子供	スポーツ
A	100	80	90	60
B	40	20	20	90
C	200	50	10	80
D	50	90	40	30

たとえば，A をネクタイ売場，B を靴売場，C を子供用品売場，D をスポーツ用品売場に配置したときの総売上げは

$$100 + 20 + 10 + 30 = 160\ 万円$$

であり，A を子供用品売場，B をスポーツ用品売場，C をネクタイ売場，D を靴売場に配置したときの総売上げは，

$$90 + 90 + 200 + 90 = 470\ 万円$$

である．

すべての配置について総売上げを計算して，その中で総売上げが最大となる配置を求めたいのであるが，それでは，すべての配置は何通りあるだろうか．

今の場合は，A がどの売場につくかは 4 通りの場合がある．そのおのおのに対して，B がどの売場につくかは 3 通りの場合がある．さらに，そのおのおのに対して C がどの売場につくかは 2 通りの場合がある．そして最後に D は残った売場につく．したがって，4 人のときは，$4! = 4 \times 3 \times 2 \times 1 = 24$ 通りの配置が，可能なすべての配置である．5 人のときは $5! = 5 \times 4 \times 3 \times 2 \times 1 = 120$ 通り，6 人のときは $6! = 6 \times 5 \times 4 \times 3 \times 2 \times 1 = 720$ 通り，7 人のときは $7! = 5040$ 通り，8 人では $8! = 40320$ 通り，9 人では $9! = 362880$ 通り，そして 10 人のときは，$10! = 3628800$ 通りとなる．

たった 10 人の配置を決めるだけで約 390 万通りの場合の総売上げを計算し，さらに，その中から最大のものを探さなければならない．コンピュータを使うとすると，たとえば 1 秒間に 10 万回の総売上げを計算できる能力があるとすると，40 秒ほどで計算が終わる．

しかし人数が 50 人となると，$50! = $ 約 65 桁の数となり，仮にコンピュータが 1 秒間に約 100 万通りの場合の総売上げを計算する能力があるとしても，

$$約 65\ 桁の数 \div 約 100\ 万 = 約 59\ 桁の数$$

の秒数がかかってしまう．これは何年に相当するかというと，1 年は $60 \times 60 \times 24 \times 365 = 31536000$ 秒であるから，割り算をすると約 51 桁の数となる．つまり約 a 億年（a は 43 桁の数）もかかることになる．

宇宙が誕生してから約 150 億年，地球が生まれてから約 46 億年といわれているのだから，上の計算が終わるまで人類や地球が存在しているとはとて

も考えられない．それよりも先に，そのデパートがなくなっているだろう．

　このように，すべての場合をコンピュータで計算すれば，ある有限の時間で答が出るとわかってはいても，人間も有限の存在であるため，それが実際上不可能な場合が多い．ところが，人間の頭を使うとすばらしい解き方が存在する．以下ではその解き方を説明する．

2.2　最大問題と最小問題

　4 つの仕事 (I，II，III，IV) があり，4 人の人 (A，B，C，D) がいる．各人が各仕事をするのに要する時間は表 2.2 のようになっているとする．

表 2.2 (単位　時間)

	I	II	III	IV
A	3	4	2	5
B	8	7	8	9
C	6	5	4	7
D	8	9	9	10

　たとえば
$$A\text{–}I,\quad B\text{–}II,\quad C\text{–}III,\quad D\text{–}IV$$
と仕事をさせるときの総時間は
$$3 + 7 + 4 + 10 = 24 \text{ 時間}$$
である．経営者は時給で支払うので，総時間が最小になるように，4 つの仕事を 4 人に分担させたい．ただし，1 人の人には 1 つの仕事を割り当てることとする．どうやって求めたらよいだろうか．これも割当て問題の 1 つである．これは最小になる配置を求める問題なので，**最小 (割当て) 問題** と呼ばれる．前節の問題は，最大になる配置を求める問題なので，**最大 (割当て) 問題**と呼ばれる．最大問題と最小問題は，どちらか一方が解ければ，他の一方は各成分にすべてマイナスをつけることによって解くことができる．

　たとえば，前節の表 2.1 の最大問題を解くには，各成分にマイナスをつけた表 2.3 の最小問題を解けば，その解となる配置がそのままもとの最大問題の解を与える配置となる．

表 2.3

	ネクタイ	靴	子供	スポーツ
A	−100	−80	−90	−60
B	−40	−20	−20	−90
C	−200	−50	−10	−80
D	−50	−90	−40	−30

よって，以下では，最小問題の解き方についてのみ説明をする．

2.3　最小問題の解き方

負の数がある場合は，すべての成分に一定の数をたして，すべて 0 以上の数になるようにしておく．表 2.4 を例に，最小問題の解き方を説明する．

表 2.4 (単位　時間)

	I	II	III	IV
A	8	27	14	12
B	14	29	4	18
C	25	10	8	5
D	15	27	21	10

まず，A の行にある 4 つの数を 1 ずつひいてみると表 2.5 のようになる．

表 2.5

	I	II	III	IV
A	7	26	13	11
B	14	29	4	18
C	25	10	8	5
D	15	27	21	10

表 2.4 の配置と，表 2.5 のそれと同じ配置では，総時間は表 2.5 の方が 1 時間だけ少なくなっている．たとえば

A–I，　B–II，　C–III，　D–IV

は，表 2.4 では 55 時間であり，表 2.5 では 54 時間である．したがって，表 2.4 で最小時間となる配置が見つかれば，表 2.5 でそれと同じ配置が最小時間となる配置である．ただし，総時間は 1 だけ減っている．

Aの行にある4つの数から1でない数をひいても同じである．そこで，表2.4のAの行から8をひいてみると，表2.6を得る．

表2.6

	I	II	III	IV
A	0	19	6	4
B	14	29	4	18
C	25	10	8	5
D	15	27	21	10

同様に，表2.6の最小時間の配置を見つければ，それがもとの表2.4の最小時間の配置にもなっている．ただし，総時間は8だけ少なくなっている．

Aの行だけではなく，どの行についても同じように，その行の一番小さい数をひくと，表2.7となる．これで各行に0が少なくとも1つずつ入った状態となった．

表2.7

	I	II	III	IV
A	0	19	6	4
B	10	25	0	14
C	20	5	3	0
D	5	17	11	0

行についてだけでなく，列についても，ある一定の数をひいても最小時間の配置は同じなので，0のない列，表2.7の場合はIIの列について，各数から5をひくと，表2.8となる．

表2.8

	I	II	III	IV
A	0	14	6	4
B	10	20	0	14
C	20	0	3	0
D	5	12	11	0

これで，どの行にも，また，どの列にも0が少なくとも1つ入っている状態となった．0を各行各列から重ならないように1つずつ選ぶと

$$A\text{--}I, \quad B\text{--}III, \quad C\text{--}II, \quad D\text{--}IV$$

となる．この配置の総時間は 0 時間であるから，これが表 2.8 の最小時間となる配置である．よって，もとの表 2.4 でも

$$A\text{--}I, \quad B\text{--}III, \quad C\text{--}II, \quad D\text{--}IV$$

が最小時間となる配置である．総時間はもとの表 2.4 に戻って計算すると 32 時間である．これは，各行各列から今までにひいた数の合計

$$8 + 4 + 5 + 10 + 5 = 32$$

と一致している．

　以上の方法で表 2.4 の最小問題を解くことができた．この例では，4 つの 0 の選び方は 1 通りしかないが，いつも 1 通りであるとは限らない．たとえば，今と同じ操作を続けて最終的に表 2.9 のようになったとする．ただし空欄は 0 でない正の数が入っているとする．

表 2.9

	I	II	III	IV	V
A	0	0		0	
B	0			0	0
C			0		
D	0			0	0
E			0		0

　この場合は解をどう見つけたらよいだろうか．行について，または列について，0 が 1 つしかない場合は，その 0 を選ぶしかないのでそこを ○ で囲む．

　表 2.9 では，C の行は 0 が 1 つしかないので，C–III に ○ をつける．すると E–III は選ぶことができないので × をつける．そうすると，E の行は E–V を選ぶしかないので，そこに ○ をつけ，したがって，B–V，D–V に × をつける．II の列は 0 が 1 つしかないので，A–II に ○ をつけ，A–I，A–IV には × をつける (表 2.10)．

　0 の選び方がいくつかある場合は，その選び方すべてが解となる．この例では，解は

$$A - II, B - I, C - III, D - IV, E - V$$
$$A - II, B - IV, C - III, D - I, E - V$$

表 2.10

	I	II	III	IV	V
A	⊠	⓪		⊠	
B	0			0	⊠
C			⓪		
D	0			0	⊠
E			⊠		⓪

の 2 つである．もちろん総時間はどちらも同じ 0 時間である．

2.4 0 を各行各列から選べない場合

たとえば，表 2.11 の場合はどのように 0 を選んだらよいだろうか．

表 2.11

	I	II	III	IV	V
A	9	4	0	0	0
B	0	6	3	0	15
C	5	0	12	8	8
D	0	9	4	3	4
E	3	2	9	0	6

　まず，C–II，D–I，E–IV の 0 は，それらの行には 0 が 1 個しかないため，その 0 を選ぶことが確定する．すると，B 行から 0 が選べなくなってしまう．同じ行や同じ列から 2 個以上選ばないように 0 を選びたいのであるが，この例の場合は，そのような 0 はせいぜい 4 個までしか選ぶことができない．このように，どの行にも，またどの列にも 0 があるにもかかわらず，各行各列から 0 を 1 つずつ選ぶことができないという不思議な場合がある．

　この場合は，前章のケーニッヒの定理 (定理 1.2) を適用する．

ケーニッヒの定理　どの行や列からも 2 個以上選ばないようにして選ぶことができる 0 の最大個数は，すべての 0 を消すために必要な線の最少本数に等しい．

　表 2.11 では 0 を 4 個までは選べるが，5 個選ぶことはできない．ということは，この定理を使うと，すべての 0 を 4 本の線で消すことができるという

表 2.12

	I	II	III	IV	V
A	~~9~~	~~4~~	~~0~~	~~0~~	~~0~~
B	0	6	3	0	15
C	5	0	12	8	8
D	0	9	4	3	4
E	3	2	9	0	6

ことになる．そこで，その 4 本の線を実際にひいてみると，たとえば表 2.12
のようになる．

線がひかれていない成分の中で，最小の数は 3 であるので，

(1) すべての成分から 3 をひく．

(2) 線がひかれている行や列には，それぞれ 3 をたす．

これは，

(1′) 線がひかれていない成分から 3 をひく．

(2′) 2 本の線がひかれている成分 (2 本の線の交点) は 3 をたす．

(3′) 1 本の線がひかれている成分は何もしない．

ことと同じである．これを実行してみると表 2.13 のようになり，今度はど
の行や列からも 2 個以上選ばないように 5 個の 0 を選ぶことが可能である．
よって，これで解を求めることができた．

表 2.13

	I	II	III	IV	V
A	12	7	0	3	⓪
B	0	6	⓪	0	12
C	5	⓪	9	8	5
D	⓪	9	1	3	1
E	3	2	6	⓪	3

次の例として，表 2.14 を考えてみよう．

この場合も，どの行や列からも 2 個以上選ばないようにして 4 個まで 0
を選ぶことができるので，ケーニッヒの定理より，すべての 0 を 4 本の線で
消すことができる．消し方はいろいろありうるが，表 2.15 のように消したと
する．

表 2.14

	I	II	III	IV	V
A	9	4	0	0	0
B	0	3	6	0	15
C	5	0	3	8	8
D	0	9	7	3	7
E	3	2	9	0	6

表 2.15

	I	II	III	IV	V
A	9	4	0	0	0
B	0	3	6	0	15
C	5	0	3	8	8
D	0	9	7	3	7
E	3	2	9	0	6

そして，$(1')$, $(2')$, $(3')$ を実行すると表 2.16 のようになる．

表 2.16

	I	II	III	IV	V
A	12	7	0	3	0
B	0	3	3	0	12
C	5	0	0	8	5
D	0	9	4	3	4
E	3	2	6	0	3

しかし，まだどの行や列からも 2 個以上選ばないようにして 0 を 5 個選ぶことができないので，再び 4 本の線ですべての 0 を消す．それが表 2.17 である．

表 2.17

	I	II	III	IV	V
A	12	7	0	3	0
B	0	3	3	0	12
C	5	0	0	8	5
D	0	9	4	3	4
E	3	2	6	0	3

再び $(1')$, $(2')$, $(3')$ を実行すると表 2.18 となり，やっと解を求めることがで

表 2.18

	I	II	III	IV	V
A	14	7	0	5	0
B	0	1	1	0	10
C	7	0	0	10	5
D	0	7	2	3	2
E	3	0	4	0	1

きる.

　このように，1度でできなければ2度3度と試みれば，必ず解が求まる.
その理由は次のとおりである. 線で消されていない成分の最小の数を a とす
るとき，

　(1) すべての成分から a をひく.

　(2) 線がひかれている行や列には，それぞれ a をたす.

という操作を施すことにより，行列の成分の総和は確実に減っていく. した
がって，何度か繰り返すうちに0がだんだん多くなり，ついには，各行各列
から重ならないように1個ずつ0を選ぶことができるのである.

2.5　切符の割当て

　4人の同窓生が10年ぶりに東京に集まって旧交を温めることにした. その
4人は博多，青森，新潟，金沢に住んでいる. 東京に集まって会食をしたの
ち，それぞれ自宅に帰る予定である.

表 2.19 (すべて東京経由の運賃，　単位　円)

出発点 ＼ 行き先	博多	青森	新潟	金沢
博多	23720	18440	15550	17510
青森	18440	17980	12360	14630
新潟	15550	12360	10720	11430
金沢	17510	14630	11430	16500

　それらの4つの駅から4つの駅へ東京経由で行くときの運賃を表したもの
が表2.19である. 博多，青森，金沢の東京往復運賃は，片道が600kmを越
えるので往復割引になっている. それぞれの人が東京までの往復切符を買う

ことにすると，全体では

$$23720 + 17980 + 10720 + 16500 = 68920 \text{ 円}$$

かかる．こうやって切符を買うのはあたりまえであるが，もっと安くできないか考えてみよう．

　それぞれが東京経由の切符を買い，東京で会食をした折りにお互いに切符を交換しあい，帰りは交換した切符を使って帰ることにする．4 人の合計の運賃が最小となるような切符の買い方を求めることは，割当て問題を解くことと同じになるので，今までの方法で以下解いてみよう．

　まず，各行について，一番小さい数でひいてみると表 2.20 となる．

表 2.20

出発点 ＼ 行き先	博多	青森	新潟	金沢
博多	8170	2890	0	1960
青森	6080	5620	0	2270
新潟	4830	1640	0	710
金沢	6080	3200	0	5070

　第 1 列，第 2 列，第 4 列には 0 がないので，それぞれの列について，一番小さい数でひいてみると表 2.21 となる．

表 2.21

出発点 ＼ 行き先	博多	青森	新潟	金沢
博多	3340	1250	0	1250
青森	1250	3980	0	1560
新潟	0	0	0	0
金沢	1250	1560	0	4360

　しかしこれでは，どの行や列からも 2 個以上選ばないようにして，0 を 4 個選ぶことは不可能である．この場合はすべての 0 を消すためには，表 2.22 のように 2 本の線で十分である．

　線のひいていない成分の中では 1250 が一番小さいので，線のひかれていない成分は 1250 をひき，2 本の線の交点は 1250 をたし，1 本の線のひかれている成分はそのままにしておく．すると表 2.23 のようになる．

表 2.22

出発点 \ 行き先	博多	青森	新潟	金沢
博多	3340	1250	0	1250
青森	1250	3980	0	1560
新潟	0	0	0	0
金沢	1250	1560	0	4360

表 2.23

出発点 \ 行き先	博多	青森	新潟	金沢
博多	2090	0	0	0
青森	0	2730	0	310
新潟	0	0	1250	0
金沢	0	310	0	3110

　表 2.23 は，どの行や列からも 2 個以上選ばないように 4 個の 0 を選ぶことができる．選び方はいろいろあるが，たとえば表 2.24 のように 0 を選ぶことができる．

表 2.24

出発点 \ 行き先	博多	青森	新潟	金沢
博多	2090	⓪	0	0
青森	⓪	2730	0	310
新潟	0	0	1250	⓪
金沢	0	310	⓪	3110

　すなわち，博多から青森，青森から博多，新潟から金沢，金沢から新潟と(東京経由で) 買うのが総合計が一番小さくなる．

　その総合計は，もとの表から計算すると

$$18440 + 18440 + 11430 + 11430 = 59740 \text{ 円}$$

となり，はじめのやり方，つまり 4 人の人が各自の往復切符を買うというやり方では 68920 円であったから，差額の

$$68920 - 59740 = 9180 \text{ 円}$$

だけういたことになり，この差額で 4 人は 2 次会に行くことにした．

演習問題 2

2.1 表 2.25 の最小問題を解け.

表 2.25

	I	II	III	IV
A	5	8	8	6
B	4	6	5	8
C	6	10	7	4
D	9	9	7	3

2.2 表 2.26 の最大問題を解け.

表 2.26

	I	II	III	IV
A	2	10	9	7
B	15	4	14	8
C	13	14	16	11
D	4	15	13	9

2.3 A さんはカレーを作るつもりであるが,できるだけ費用を安くしたいと思っている.近くの 4 つのスーパー A,B,C,D で「1 人 1 品のみ半額」というセールをやっているので,各スーパーで 1 品ずつ買おうと思っている.各材料の半額の値段は表 2.27 のとおりである.各材料をどのスーパーで買えばよいか.

表 2.27 (単位 円)

	じゃがいも	にんじん	玉ねぎ	肉
A	60	60	80	90
B	40	50	50	80
C	60	60	70	100
D	70	50	60	110

2.4 S タクシー会社は,最近,人工衛星を利用した配車システムを導入した (図 2.1).これにより,各タクシーの現在位置が,基地局のパソコン画面にリアルタイムで表示される.

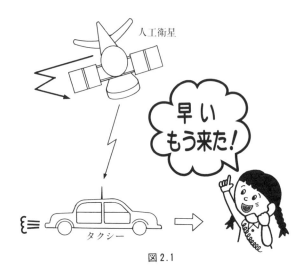

人工衛星

早い
もう来た！

タクシー

図 2.1

　ある日の夜，4軒の家から迎えにきてほしいとの電話が入った．あいにく基地局に待機しているタクシーは1台もなく，すべて出払っているが，お客さんを降ろして空になっているタクシーが5台あることが無線連絡によりわかったので，5台のうちの4台をその4軒の家へ向かわせることにした．5台のタクシーの今いる位置から4軒の家へ行くのにかかる時間は表2.28のとおりである．

表 2.28 （単位　分）

	I	II	III	IV
A	28	8	6	13
B	10	5	12	13
C	6	22	22	29
D	8	15	19	28
E	14	19	11	22

　総時間を最小にするには，どのタクシーをどの家へ向かわせたらよいだろうか．（ヒント：5軒目の家Vを仮想して，A, B, C, D, Eが家Vへ行くのにかかる時間をすべて同じ値としておくとよい．）

2.5 T銀行では今年，女子行員を7名 (A，B，C，D，E，F，G) 採用した．

都内に支店は I, II, III, IV, V の 5 つがあり，支店 I, II には 2 名ずつ，支店 III, IV, V には 1 名ずつ配属する予定である．

各行員が各支店に通勤するときの 1 か月の交通費は，表 2.29 に示すとおりである．T 銀行では交通費支給額を減らすため，交通費の総額が最小となるように各行員の配属を決めたいと思っている．

表 2.29 (単位 百円)

	I	II	III	IV	V
A	60	72	98	158	168
B	104	122	130	204	202
C	126	100	42	200	132
D	100	54	70	110*	50*
E	152	104	70	164	36*
F	132	112	166	50	106
G	70	40	56*	140	112

しかし，郊外へ向かう通勤 (表では * をつけて示してある) は，女子行員には評判が悪いのでできる限りさけたい．

誰をどの支店に配属させたらよいだろうか．(ヒント：支店を I, I′, II, II′, III, IV, V の 7 つと考える．また，* のついている数には大きな数をたしておくとよい.)

第 3 章

順序づけ問題

　何冊かの本を作るときは，印刷機と製本機を使用するが，どの本についても必ず印刷機と製本機をこの順番で使用しなければならず，製本機が空いているからといって，先に製本機を使用することはできない．このように，2 台の機械をある定められた順番で使用して，いくつかの仕事を行うという状況を考える．そのとき，できるだけ早くすべての仕事を終わらせるためには，それらの仕事をどういう順序で行ったらよいだろうか．

　この章では，このような場合の仕事の順序を決める方法について考える．

3.1　はじめに

　3 つの仕事がある．それを仕事 1, 2, 3 と書くことにする．これらの仕事はどれも 2 台の機械 A, B を使って行うが，どの仕事についても，機械 A を先に使い，そのあと機械 B を使うことになっている．それぞれの機械の使用時間は仕事によって異なっており，それは，表 3.1 に示すとおりである．

表 3.1　（単位　時間）

	機械 A	機械 B
仕事 1	5	8
仕事 2	2	3
仕事 3	1	6

仕事 1, 2, 3 をどういう順序で行えば，この 3 つの仕事を最も早く終わらせ

ることができるだろうか．

　たとえば 1 → 2 → 3 の順序で仕事をする場合を考えてみる．まず仕事 1 を
機械 A が 5 時間行い，それが終わり次第，仕事 1 を機械 B に移す．ここで，
移行に要する時間は無視できるものとする．機械 A は仕事 1 が終わり次第，
仕事 2 をただちに行う．それが終わり次第，仕事 2 を機械 B に移すのであ
るが，しかし，機械 B はそのとき，まだ仕事 1 を行っているので，それが終
わるまで待たなければならない．この行程を図に表すと，図 3.1 のようにな
る．この図からわかるように，全部の仕事が終わるのには 22 時間かかる．

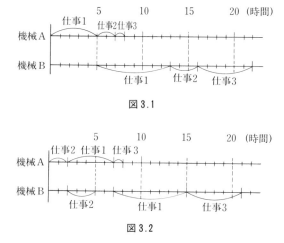

図 3.1

図 3.2

　次に 2 → 1 → 3 の順序で仕事をする場合を考えてみる (図 3.2)．機械 A に
ついては，前と同様，2 → 1 → 3 と休むことなく仕事を行う．一方，機械 B
については，はじめの 2 時間は休み，その後仕事 2 を開始する．そして仕事
2 が終わればすぐ仕事 1 を行うべきところであるが，仕事 1 はまだ機械 A が
行っている最中なので，それが終わるまでの間，機械 B は休んでいなければ
ならない．このようにして図を作成していくと，全部の仕事が終わるのに 21
時間かかることがわかる．

　次に 2 → 3 → 1 の順序で仕事をする場合を考えてみる．図 3.3 のように，
仕事 2 は，機械 A で終了したあとすぐ機械 B に移すことができるが，仕事

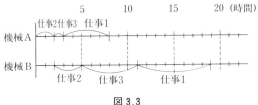

図 3.3

3 は，機械 A で終了したあとすぐ機械 B に移すことができない．なぜなら，そのとき機械 B はまだ仕事 2 を行っているからである．結局，全部の仕事が終わるのに 19 時間かかる．

このように，仕事 1,2,3 をどういう順序で行うかによって，全部の仕事が終わるのにかかる時間が異なる．その時間が最小となる順序を見つけるにはどうしたらよいだろうか．一番素朴な方法は，1,2,3 を並べる並べ方は，

$$1 \quad \rightarrow \quad 2 \quad \rightarrow \quad 3$$
$$1 \quad \rightarrow \quad 3 \quad \rightarrow \quad 2$$
$$2 \quad \rightarrow \quad 1 \quad \rightarrow \quad 3$$
$$2 \quad \rightarrow \quad 3 \quad \rightarrow \quad 1$$
$$3 \quad \rightarrow \quad 1 \quad \rightarrow \quad 2$$
$$3 \quad \rightarrow \quad 2 \quad \rightarrow \quad 1$$

の 6 通りあるので，それらの場合について，全部の仕事が終わるのにかかる時間を求め，その中で一番時間の短い場合を探せばよい．仕事が 3 つのときはそれで何とかなるが，仕事がたくさんあるときは大変である．

この章では，最小時間の仕事の順序の決め方について考えていく．

3.2　仕事が 2 個の場合

仕事が 1 個しかないときは，その仕事をただ機械 A，B の順にかけるだけで何も問題はないので，この節では，仕事が 2 個あるときを考える．その仕事を仕事 1,2 と書く．

これらの仕事の機械 A，B の使用時間を，表 3.2 のように a_1, b_1, a_2, b_2 とする．

表 3.2

	機械 A	機械 B
仕事 1	a_1	b_1
仕事 2	a_2	b_2

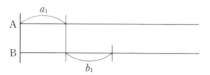

図 3.4

(1) $1 \to 2$ の順序で仕事をすることにすると，仕事 1 は当然，図 3.4 のように
なる．仕事 2 がどのようになされるかは，2 つの場合に分けて考える必要
がある．

(i) $b_1 \leq a_2$ のときは，図 3.5 のようになり，2 つの仕事を終えるのにかか
る時間は $a_1 + a_2 + b_2$ である．

(ii) $a_2 \leq b_1$ のときは，図 3.6 のようになり，2 つの仕事を終えるのにかか
る時間は $a_1 + b_1 + b_2$ である．

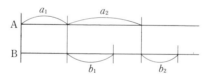

図 3.5

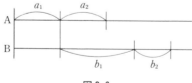

図 3.6

(2) $2 \to 1$ の順序で仕事をする場合も，2 つの場合に分けて考える．

(i) $b_2 \leq a_1$ のときは，図 3.7 のようになり，かかる時間は $a_2 + a_1 + b_1$ で

ある.

(ii) $a_1 \leq b_2$ のときは, 図 3.8 のようになり, かかる時間は $a_2 + b_2 + b_1$ である.

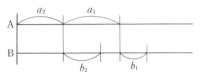

図 3.7

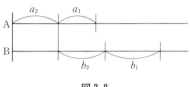

図 3.8

以上をまとめると次のようになる.

$1 \to 2$ の順序のとき, かかる時間は,

$$b_1 \leq a_2 \text{ のときは } a_1 + a_2 + b_2$$
$$a_2 \leq b_1 \text{ のときは } a_1 + b_1 + b_2$$

である.

$2 \to 1$ の順序のとき, かかる時間は,

$$b_2 \leq a_1 \text{ のときは } a_2 + a_1 + b_1$$
$$a_1 \leq b_2 \text{ のときは } a_2 + b_2 + b_1$$

である.

そこで, 4つの時間 a_1, b_1, a_2, b_2 のうちの最小のものに目を向ける.

(i) 最小のものが a_1 のときは $a_1 \leq b_2$ であるから, $2 \to 1$ の順序の場合, かかる時間は $a_2 + b_2 + b_1$ である. しかし, この時間は, $1 \to 2$ の順序の場合の2つの時間 $a_1 + a_2 + b_2$, $a_1 + b_1 + b_2$ のどちらよりも大きいか, または等しい. すなわち,

$$a_2 + b_2 + b_1 \geq a_1 + a_2 + b_2$$
$$a_2 + b_2 + b_1 \geq a_1 + b_1 + b_2$$

である．したがって，最小のものが a_1 のときは，$1 \to 2$ の順序の方がよいことがわかる．

(ii) 最小のものが a_2 のときも同様に考えると，$2 \to 1$ の順序の方がよい．

(iii) 最小のものが b_1 のときは $b_1 \leq a_2$ であるから，$1 \to 2$ の順序のときは，かかる時間は $a_1 + a_2 + b_2$ であるが，これは，$2 \to 1$ の場合の 2 つの時間 $a_2 + a_1 + b_1$，$a_2 + b_2 + b_1$ のどちらよりも大きいか，または等しい．すなわち，

$$a_1 + a_2 + b_2 \geq a_2 + a_1 + b_1$$
$$a_1 + a_2 + b_2 \geq a_2 + b_2 + b_1$$

である．したがって，$2 \to 1$ の順序の方がよい．

(iv) 最小のものが b_2 のときも同様に考えると，$1 \to 2$ の順序の方がよい．

以上より，次の規則で仕事の順序を決めればよいことがわかった．

規則 3.1 2 つの仕事 1, 2 の機械 A，B の使用時間が表 3.2 のとおりとする．4 つの時間 a_1, b_1, a_2, b_2 をくらべて，最小のものが a_i のときは，仕事 i を先にする．最小のものが b_j のときは，仕事 j をあとにする．

例 3.1 表 3.3 の 4 つの時間の中で最小のものは 11 であるので，仕事 1 を先にする．作業は図 3.9 のようになり，かかる時間は $11 + 17 + 16 = 44$ 時間である．

表 3.3 (単位　時間)

	A	B
仕事 1	11	15
仕事 2	17	16

もし逆に $2 \to 1$ の順序ですると，図 3.10 のようになり，$17 + 16 + 15 = 48$ 時間もかかることになる．

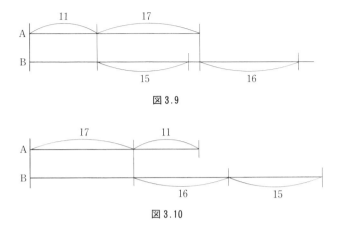

図 3.9

図 3.10

3.3 仕事が n 個の場合

次に，機械 A, B に対し，一般に仕事が n 個あるときを考えてみよう．n 個の仕事を，仕事 $1, 2, 3, \cdots, n$ とする（機械 A, B の使用時間は表 3.5 のとおりとする）．それら n 個の仕事が，ある順序で並べられているとし，仕事 i の次が仕事 j であるとする．他の仕事の順序はまったく変えないで，仕事 i と仕事 j だけ順番を入れ替えるとどうなるかを考える．つまり，

$$\cdots \to i \to j \to \cdots$$

と並べられているときに，

$$\cdots \to j \to i \to \cdots$$

と変えてみると，かかる時間がどう変わるかを考えてみる．

機械 A は，前の仕事が終わるとすぐ次の仕事をするので，機械 A の使用時間は，仕事の順序がどうであっても変わらない．したがって，機械 A については何も考える必要はない．

仕事 i, j の前の仕事を一切無視すれば，$\to i \to j \to$ の場合，図 3.11 か図 3.12 のようになっている．しかし，前の仕事のことも考慮すると，図 3.13 のように，機械 A で仕事 i が終了しても，ただちに機械 B で仕事 i ができない場合もありうる．

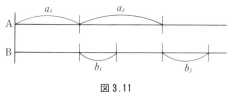

図 3.11

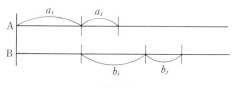

図 3.12

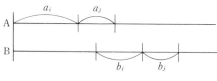

図 3.13

　仕事 i の直前の仕事が機械 A で終わった時点を基点としてとり，その基点から，仕事 i の直前の仕事が機械 B で終わるまでの時間を図 3.14 のように T とする．仕事 i, j の前の仕事をすべて無視したときの図から，前の仕事を考慮したときの図に変えるには，長さが b_i, b_j の板が図 3.15 のようにおいてあるとして，基点からモップで T だけ押したと思えばよい．モップで押すと，一般には，長さが b_i, b_j の板は右に動く．それが，前の仕事を考慮したときの機械 B の使用状況を表す図である．(モップで押すと，図 3.15 では，まず，長さ b_i の板が右に動く．長さ b_j の板は，長さ b_i の板と接触したあとではじ

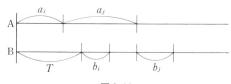

図 3.14

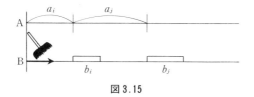

図 3.15

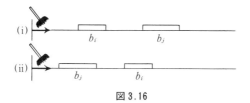

図 3.16

めて右へ動くことを注意しておく.)

図 3.16 のように板が 2 枚おいてあるとする. 右においてある板にだけ注目する. この例では, (i) の方が (ii) よりも板は右側に出ているが, 基点からモップで同じ長さ (T) だけ押したときには, どちらが右側に出るだろうか. やはり, もともと右側に出ていた方が, モップで押したあとも右側に出ることに変わりはない. すなわち, どちらが右側に出ているかということは, モップで押す前と押したあとでは変わらないのである. たとえば図 3.16 の例では, モップで押したあと, (ii) の方が (i) より右側に出るということはあり得ない. (ただし, 同じになることはある.)

したがって, 途中の仕事 i, j について,

$$\to i \to j \to$$

にするか,

$$\to j \to i \to$$

にするかは, 前節の 2 つの仕事の場合と同じことである. つまり, (ほかの仕事を無視して) 仕事 i, j だけを考えて, それらが早く終わる順序は, ほかの仕事を考慮した場合も, それらが早く終わる順序なのである.

よって前節のように, a_i, b_i, a_j, b_j の中で

$$\begin{cases} \text{最小のものが } a_i \text{ のとき,} & \to i \to j \to \\ \text{最小のものが } a_j \text{ のとき,} & \to j \to i \to \\ \text{最小のものが } b_i \text{ のとき,} & \to j \to i \to \\ \text{最小のものが } b_j \text{ のとき,} & \to i \to j \to \end{cases}$$

とするのがよいことがわかった.

　以上の準備のもとに，次の方法で n 個の仕事の最適な順序が得られることを示すことができる.

　仕事が仮に 5 個あるとする．それらを仕事 1, 2, 3, 4, 5 と書き，それらの仕事の機械 A, B の使用時間は，表 3.4 のとおりであるとする.

表 3.4

	A	B
仕事1	a_1	b_1
仕事2	a_2	b_2
仕事3	a_3	b_3
仕事4	a_4	b_4
仕事5	a_5	b_5

　$a_1, a_2, a_3, a_4, a_5, b_1, b_2, b_3, b_4, b_5$ の中で最小のものが，たとえば a_1 だったとすると，仕事 1 を一番最初にするとよい．なぜなら，仕事 1 を途中ですることにしてみる．たとえば，

$$2 \to 3 \to 1 \to 4 \to 5$$

としてみると，仕事 3 と 1 を考えると，上で述べたように，$\to 1 \to 3 \to$ の方が時間が短くなるので，順序を入れ替えて，

$$2 \to 1 \to 3 \to 4 \to 5$$

とした方がよい．さらに，仕事 2 と 1 を考えると $\to 1 \to 2 \to$ の方が時間が短くなる．結局，仕事 1 を最初にするのがよいことになる.

　また，たとえば，$a_1, a_2, a_3, a_4, a_5, b_1, b_2, b_3, b_4, b_5$ の中で最小のものが b_1 だったとすると，仕事 1 は，途中にあるよりも一番最後にある方が，時間は短くなる.

　仕事 1 の場所が確定したときは，仕事 1 を除いて考える．仕事 2, 3, 4, 5 に

ついて，a_i, b_i から最小のものを探す．たとえば，それが b_5 だったとすると，仕事 5 は一番最後にある方が，時間は短くなる．よって，仕事 5 の位置が確定する．

残りの仕事についても同じように続けると，すべての仕事の順序が確定する．

定理 3.1 (ジョンソン(S.M.Johnson) の定理)　n 個の仕事 $1, 2, 3, \cdots, n$ の使用時間が表 3.5 で与えられている．

表 3.5 (単位　時間)

	A	B
仕事 1	a_1	b_1
仕事 2	a_2	b_2
$\cdots$	$\cdots$	$\cdots$
$\cdots$	$\cdots$	$\cdots$
仕事 n	a_n	b_n

時間 $a_1, a_2, \cdots, a_n, b_1, b_2, \cdots, b_n$ をくらべて，最小のものが a_i のときは，仕事 i を一番最初にする．最小のものが b_j のときは，仕事 j を一番最後にする．残りの仕事についても同様のことを行う．

このような規則で順序を決めると，全部の仕事が終わるのにかかる時間が最小となる．

例 3.2　表 3.6 の最小の数は 1 であるので，仕事 2 を一番最後におく．

$$\boxed{?} \to \boxed{?} \to \boxed{?} \to \boxed{?} \to 2$$

仕事 2 を除いて最小の数は 2 であるので，仕事 5 を一番最初におく．

$$5 \to \boxed{?} \to \boxed{?} \to \boxed{?} \to 2$$

表 3.6 (単位　時間)

	A	B
仕事 1	8	7
仕事 2	4	1
仕事 3	9	5
仕事 4	6	10
仕事 5	2	3

さらに仕事5を除いて最小の数は5であるので，仕事3を最後におく．

$$5 \to \boxed{?} \to \boxed{?} \to 3 \to 2$$

さらに仕事3を除いて最小の数は6であるので，仕事4を最初におく．

$$5 \to 4 \to \boxed{?} \to 3 \to 2$$

以上より，

$$5 \to 4 \to 1 \to 3 \to 2$$

を得る．かかる時間は，図3.17からわかるように31時間である．

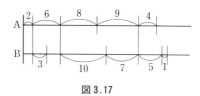

図 3.17

注 3.1 最小の数が2個以上あるときは，その中のどれを選んでもよい．

注 3.2 ジョンソンの定理で得られる順序は，最短時間を与える順序であるが，そのほかにも最短時間を与える順序がある場合もある．

演習問題 3

3.1 作業時間が表3.7で与えられているとき，最短時間で終わるように仕事の順序を決めよ．

表 3.7 (単位　時間)

	機械 A	機械 B
仕事 1	20	4
仕事 2	6	3
仕事 3	7	12
仕事 4	5	1
仕事 5	2	11

3.2 機能の違うオーブンが 2 台ある．午後からパーティーがあって，グラタン，ミートローフ，ケーキ，クッキーを作らなければならない．下準備はできているので，あとは焼くだけである．どれもまずオーブン A で焼いてから，仕上げにオーブン B で焼きたい．かかる時間は表 3.8 のとおりである．一番早く作り終えるにはどの順序で作ればよいか．

表 3.8 (単位　分)

	オーブン A	オーブン B
グラタン	7	10
ミートローフ	5	6
ケーキ	12	10
クッキー	4	2

3.3 A 家には風呂が 1 つと洗面台が 1 つある．父，母，姉，弟は風呂から出て，ドライヤーかけや歯みがきなどで洗面台を使う．みんなが早く終わるには，どういう順番で風呂に入ればよいか．ただし，それぞれがかかる時間は表 3.9 のとおりである．

表 3.9 (単位　分)

	風呂	洗面台
父	10	7
母	15	10
姉	20	20
弟	5	8

表 3.10 (単位　日)

	A	B
家 1	6	9
家 2	1	2
家 3	3	2
家 4	4	6
家 5	9	8

3.4 職人 A，B のところに，12 月 1 日に家 1, 2, 3, 4, 5 から内装の仕事の注文がきた．どの家についても A が先に仕事を行い，そのあと B が仕事を行うことになっている．どの家からも年内には絶対に終わらせてほしいといわれているため，A，B の 2 人は，できるだけ早く終わるように予定を組みたいと思っている．仕事に必要な日数はそれぞれの家によって違い，表 3.10 のとおりである．どの順序で仕事をすればよいだろうか．

第 4 章

数当てゲーム

子供用の手品の本をめくっていたら，数当てゲームが載っていたので，この章ではそれを取り上げてみた．この手品のタネを明らかにし，それに関するいくつかの応用についてもふれる．これらの内容は，近年急速に発展した情報理論や符号理論の入り口へとつながっていくものである．

4.1 数当てゲーム

1 日から 31 日までの日のうち，相手に，好きな日をどれか 1 つ心の中で思ってもらう．あらかじめ，5 枚のカードを図 4.1 のように作っておく．

<table>
<tr><td colspan="4">(A)</td><td colspan="4">(B)</td></tr>
<tr><td>1</td><td>3</td><td>5</td><td>7</td><td>2</td><td>3</td><td>6</td><td>7</td></tr>
<tr><td>9</td><td>11</td><td>13</td><td>15</td><td>10</td><td>11</td><td>14</td><td>15</td></tr>
<tr><td>17</td><td>19</td><td>21</td><td>23</td><td>18</td><td>19</td><td>22</td><td>23</td></tr>
<tr><td>25</td><td>27</td><td>29</td><td>31</td><td>26</td><td>27</td><td>30</td><td>31</td></tr>
</table>

<table>
<tr><td colspan="4">(C)</td><td colspan="4">(D)</td><td colspan="4">(E)</td></tr>
<tr><td>4</td><td>5</td><td>6</td><td>7</td><td>8</td><td>9</td><td>10</td><td>11</td><td>16</td><td>17</td><td>18</td><td>19</td></tr>
<tr><td>12</td><td>13</td><td>14</td><td>15</td><td>12</td><td>13</td><td>14</td><td>15</td><td>20</td><td>21</td><td>22</td><td>23</td></tr>
<tr><td>20</td><td>21</td><td>22</td><td>23</td><td>24</td><td>25</td><td>26</td><td>27</td><td>24</td><td>25</td><td>26</td><td>27</td></tr>
<tr><td>28</td><td>29</td><td>30</td><td>31</td><td>28</td><td>29</td><td>30</td><td>31</td><td>28</td><td>29</td><td>30</td><td>31</td></tr>
</table>

図 4.1

　相手の思った日が (A) のカードに入っているかどうか質問する．次に，(B) のカードに入っているかどうか質問する．(C), (D), (E) のカードについても同じように質問する．

　その結果，もし (A) と (B) と (E) に入っているならば，それらのカードの左上の数字をたした

$$1 + 2 + 16 \ = 19$$

が相手の思った日となる．もし (B) と (D) に入っているならば，

$$2 + 8 \ = 10$$

が相手の思った日となる．

　この数当てゲームのからくりはどうなっているのだろうか．その鍵は，数の 2 進数表示にある．

　1 日から 31 日までの日を 2 進数で表すと次のようになる．10 進数と区別するため，2 進数には，その数の右下に (2) をつけることにする．

$$1 \ = \ 00001_{(2)} \ = \ 0 + 0 + 0 + 0 + 1$$
$$2 \ = \ 00010_{(2)} \ = \ 0 + 0 + 0 + 2 + 0$$
$$3 \ = \ 00011_{(2)} \ = \ 0 + 0 + 0 + 2 + 1$$
$$4 \ = \ 00100_{(2)} \ = \ 0 + 0 + 4 + 0 + 0$$
$$5 \ = \ 00101_{(2)} \ = \ 0 + 0 + 4 + 0 + 1$$
$$6 \ = \ 00110_{(2)} \ = \ 0 + 0 + 4 + 2 + 0$$
$$7 \ = \ 00111_{(2)} \ = \ 0 + 0 + 4 + 2 + 1$$
$$8 \ = \ 01000_{(2)} \ = \ 0 + 8 + 0 + 0 + 0$$
$$9 \ = \ 01001_{(2)} \ = \ 0 + 8 + 0 + 0 + 1$$
$$10 \ = \ 01010_{(2)} \ = \ 0 + 8 + 0 + 2 + 0$$
$$11 \ = \ 01011_{(2)} \ = \ 0 + 8 + 0 + 2 + 1$$
$$12 \ = \ 01100_{(2)} \ = \ 0 + 8 + 4 + 0 + 0$$
$$13 \ = \ 01101_{(2)} \ = \ 0 + 8 + 4 + 0 + 1$$
$$14 \ = \ 01110_{(2)} \ = \ 0 + 8 + 4 + 2 + 0$$
$$15 \ = \ 01111_{(2)} \ = \ 0 + 8 + 4 + 2 + 1$$
$$16 \ = \ 10000_{(2)} \ = 16 + 0 + 0 + 0 + 0$$

$$\vdots$$

$$30 \;=\; 11110_{(2)} \;=\; 16 + 8 + 4 + 2 + 0$$

$$31 \;=\; 11111_{(2)} \;=\; 16 + 8 + 4 + 2 + 1$$

これからわかるように，1 から 31 までの数のうち，

    (A) のカードには，2 進数表示をしたとき 1 桁目が 1 のすべての数が，

    (B) のカードには，2 進数表示をしたとき 2 桁目が 1 のすべての数が，

    (C) のカードには，2 進数表示をしたとき 3 桁目が 1 のすべての数が，

    (D) のカードには，2 進数表示をしたとき 4 桁目が 1 のすべての数が，

    (E) のカードには，2 進数表示をしたとき 5 桁目が 1 のすべての数が，

それぞれ書かれてある．そして，各カードの左上に書いてある数 1, 2, 4, 8, 16 は，それぞれ 1, 2, 3, 4, 5 桁目のみが 1 である数である．

したがって，たとえば，ある数が (A)，(B)，(E) のカードに入っているならば，その数を 2 進数表示すると，1 桁目，2 桁目，5 桁目が 1 であるということになるので，その数は

$$1 + 2 + 16 \;= 19$$

であることがわかるのである．

4.2 数の2進数表示

普段使っている数は 10 進数である．10 進数は，使う数字は 0 から 9 までの 10 個であり，10 倍ごとに 1 つずつ位が上がる仕組みになっている．たとえば，253 という数は 100 が 2 個，10 が 5 個，1 が 3 個からなる数であり，式で書くと

$$253 = 2 \times 10^2 + 5 \times 10 + 3 \times 10^0$$

である．

これに対し，2 進数は，使う数字は 0 と 1 の 2 個で，2 倍ごとに 1 つずつ位が上がる仕組みになっている．たとえば，2 進数の 101 は，4 が 1 個，2 が 0 個，1 が 1 個からなる数であり，式で書くと

$$101_{(2)} = 1 \times 2^2 + 0 \times 2 + 1 \times 2^0$$

である.

k を 2 以上の自然数とするとき, 一般に k 進数が考えられる. k 進数は, 使う数字は 0 から $k-1$ までの k 個であり, k 倍ごとに 1 つずつ位が上がる仕組みになっている. k 進数による数の表現法を **k 進法** という.

たとえば 110 と書いたとき, 何進数の 110 かわからないので, k 進数のときは (k) を右下につけることにする. ただし, 10 進数のときの (10) は省略してもよい.

4.3　重さの違うものを見つける

7 個の同じ形の金塊がある. どれも 1 個 10 g のはずであるが, 1 個だけ重さの違うものが紛れ込んでいる可能性がある. どれがそうなのか見つけたいが, 外から見たり, 手にもったりするだけではわからないので, はかりではかって調べたい. 1 個ずつ順に 10 g かどうか, はかって調べていけばよいが, これでは 7 回はかる必要がある. もっと少ない回数で調べることはできないだろうか.

7 個の金塊に, 1, 2, 3, 4, 5, 6, 7 と番号をつけておく. それらの番号を 2 進数で表示して, まず, 1 桁目が 1 の番号の金塊 4 個 (1, 3, 5, 7) をはかる. 次に, 2 桁目が 1 の番号の金塊 4 個 (2, 3, 6, 7) をはかる. 次に, 3 桁目が 1 の番号の金塊 4 個 (4, 5, 6, 7) をはかる. このようにして 3 回はかり, それぞれが 40 g かどうかを調べる. もし, たとえば, 1 回目と 3 回目が 40 g でないならば, 1 回目と 3 回目に重さの違う 1 個が入っているので, 前節の数当てゲームと同じように,

$$1+4 = 5$$

より, 5 番の金塊が重さが違うことがわかる. (3 回とも 40 g なら, 重さが違うものはない.)

このように, 7 個のものの中から 1 個のものを見つけるための検査回数は 3 回であり, 同様の方法をとると,

$$15 \text{ 個のときは } 4 \text{ 回,}$$
$$31 \text{ 個のときは } 5 \text{ 回,}$$
$$63 \text{ 個のときは } 6 \text{ 回,}$$
$$\vdots$$

となる．このように，個数が多いときは，きわめて少ない検査回数ですむ．
(それらの間の個数のときは，多い方の回数が必要となる．たとえば 20 個の
ときは 5 回などのように.)

　一般に，

$$2^n - 1 \text{ 個のときは } n \text{ 回}$$

となる．

4.4　誤り訂正符号

　バイキングやパイオニアなどの宇宙探査機は，火星や木星や土星など，地
球から数億 km も離れた惑星へ行き，惑星やその衛星の映像をとらえ，地球に
送信してきた．さらに，1977 年に打ち上げられたボイジャー 2 号は (図 4.2)，
数十億 km も離れた天王星に約 10 年かかって接近し，新しい衛星を発見して
観測したのち，そのまま飛行を続け，3 年後には海王星にまで近づいて貴重
な映像を地球に送信した．

　その際，映像の情報は数値情報に変換され，さらにそれは 0, 1 の系列に変

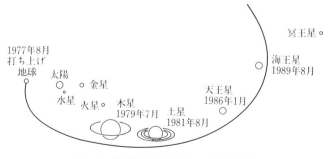

図 4.2　惑星探査機ボイジャー 2 号の飛行

換されて送信される．しかし，地球上でそれを正確に受信できるとは限らない．途中で雑音や障害などが入り，0 が 1 に変わったり，1 が 0 に変わったりしてしまうことがある．情報理論では，このような通信路の妨害を総称して **雑音** (noise) と呼んでいる．

　宇宙探査機が地球から遠ければ遠いほど雑音が入る可能性は高くなり，地球上で正確に受信できる量は減少してしまう．途中で雑音が入ると，せっかく送った映像が不鮮明となり，星の地形の様子や大気の状態などが正確に読み取れなくなってしまう．

　0 と 1 の 2 種類の値だけをとる情報の単位を **ビット** と呼ぶ．実際に送られる情報は 0, 1 の長い系列であるが，ここでは簡単のため，4 ビットの場合を考えよう．途中で雑音が入り，1 ビットだけ誤って伝わる可能性があるとしよう．たとえば 1110 という情報を送ると，地球上では，

1110, 1111, 1100, 1010, 0110

の 5 種類の情報を受け取る可能性がある．その中の 1111 を受信したとしてみよう．1111 を手がかりにして，正しい情報は何だったのか類推しようとしても，高々 1 ビット異なっているものとして，

1111, 1110, 1101, 1011, 0111

のやはり 5 種類があり，どれかを特定することはできない．

　たとえば，手紙などに多少の誤字があっても，読み手はその字を修正しながら読み進めていくことができ，差出人の伝えたい情報を正しく受け取ることができる．宇宙探査機から送られる情報の場合も，同じように，途中で多少の雑音が入っても，地球上でそれを正しく修正できることが望まれる．そのためには，送りたい情報そのものを送るのでは不十分で，それに何ビットか付け加えたものを送る必要がある．

　たとえば，1110 という情報を送りたいときは，それと同じものを 3 個つなげて

111011101110

として送ることにしてみよう．受信者には，この仕組みを事前に伝えておけ

ば，途中でどこか 1 ビット誤ったとしても，多数決の原理によって，誤った
場所を指摘することができ，したがって，正しい情報を得ることができる．

　送信のために，本来の情報 (たとえば 1110) に別の記号の系列 (ここでは
111011101110) を対応させることを **符号化** といい，その記号の系列を **符号語**
という．そして，それらの符号語全体を **符号** という．途中でいくつか (今の
例では 1 か所) 誤りが生じても，受け取った側がそれを見つけて正しく訂正
できる符号を **誤り訂正符号** という．

　上の例は，$abcd$ という情報を

$$abcdabcdabcd$$

という符号語に符号化するものであり，これは，誤り訂正符号である．誤り
を訂正できるのはよいが，しかし，送りたい情報の 3 倍もの長さの符号語を
送信しなければならない．もっと短くなるように工夫することはできないだ
ろうか．

　4 ビットの 0,1 系列は全部で 16 種類あり，それらに 0 から 15 までの番号
をつけて列挙すると表 4.1 のようになる．ただし，第 1, 2, 4 列は空けてお

表 4.1

番号 \ 列	1	2	3	4	5	6	7
0			0		0	0	0
1			0		0	0	1
2			0		0	1	0
3			0		0	1	1
4			0		1	0	0
5			0		1	0	1
6			0		1	1	0
7			0		1	1	1
8			1		0	0	0
9			1		0	0	1
10			1		0	1	0
11			1		0	1	1
12			1		1	0	0
13			1		1	0	1
14			1		1	1	0
15			1		1	1	1

き，第 3, 5, 6, 7 列に書くことにする．

　空欄になっている第 1, 2, 4 列には，次の (A), (B), (C) が成り立つように 0 または 1 を入れることにする．

> (A) 第 1, 3, 5, 7 列をたすと偶数になる．
> (B) 第 2, 3, 6, 7 列をたすと偶数になる．
> (C) 第 4, 5, 6, 7 列をたすと偶数になる．

たとえば，3 番の 0011 を例にとると，

> 第 3, 5, 7 列をたすと 1 なので，第 1 列には 1 を，
> 第 3, 6, 7 列をたすと 2 なので，第 2 列には 0 を，
> 第 5, 6, 7 列をたすと 2 なので，第 4 列には 0 を，

それぞれ入れる．このようにして表 4.2 の符号が得られる．

表 4.2

番号 \ 列	1	2	3	4	5	6	7
0	0	0	0	0	0	0	0
1	1	1	0	1	0	0	1
2	0	1	0	1	0	1	0
3	1	0	0	0	0	1	1
4	1	0	0	1	1	0	0
5	0	1	0	0	1	0	1
6	1	1	0	0	1	1	0
7	0	0	0	1	1	1	1
8	1	1	1	0	0	0	0
9	0	0	1	1	0	0	1
10	1	0	1	1	0	1	0
11	0	1	1	0	0	1	1
12	0	1	1	1	1	0	0
13	1	0	1	0	1	0	1
14	0	0	1	0	1	1	0
15	1	1	1	1	1	1	1

　この符号は 15 個の符号語からなり，符号化の方法は次のとおりである．たとえば 1110 を送りたいときは，表 4.1 を見ると，それは 14 番なので，表 4.2 を見て

0010110

と符号化する.

　これを受信したときは, 表 4.2 を見ると, それは 14 番なので, もとの情報に戻すと 1110 であることがわかる.

　しかし, 途中で雑音が入り, 1 か所誤って伝わってきたときはどうするか. たとえば, 第 6 列の 1 が誤って 0 となってしまったとすると, 地球上では,

0010100

を受信することになる.

　そのときは, (A), (B), (C) が成り立つかどうかを確かめる. すると答は

- (A) 第 1, 3, 5, 7 列をたすと偶数になる. ⋯⋯⋯ OK
- (B) 第 2, 3, 6, 7 列をたすと偶数になる. ⋯⋯⋯ NO
- (C) 第 4, 5, 6, 7 列をたすと偶数になる. ⋯⋯⋯ NO

となり, (B) と (C) が成り立たない. すなわち, 誤った列は, {2, 3, 6, 7} と {4, 5, 6, 7} に共通に含まれている. 4.1 節の数当てゲームと同じく,

$$2 + 4 = 6$$

と計算すると, 第 6 列が誤っていることがわかる. つまり, 第 6 列は 1 となっているが, 正しくは 0 なのである. したがって, 訂正すると

0010110

となり, 本来の情報は 1110 であったことがわかる.

　このように, 表 4.2 で与えられる符号は, 途中で 1 ビット誤ったとしても訂正することが可能であるので, 誤り訂正符号である.

　この符号は, 本来の情報 (4 ビット) に, その情報から決まる数 (0 か 1) を 3 ビット付け足して作った. 付け足したのは第 1, 2, 4 列であり, これは, 誤りを訂正するために必要なものなので, **検査ビット** と呼ぶ. その他の列は本来の情報を入れるためのものなので, **情報ビット** と呼ぶ.

　上の符号は, 7 ビットのうちの第 1, 2, 4 列を検査ビットとして使い, 残りの 4 列を情報ビットとして使った. 同様にして, 15 ビットのうちの第 1, 2, 4, 8

列を検査ビットとして使い，残りの 11 列を情報ビットとして使う符号を作ることができる．さらに，31 ビットのうちの第 1, 2, 4, 8, 16 列を検査ビットとして使い，残りの 26 列を情報ビットとして使う符号なども作ることができる．

一般には，$2^n - 1$ ビットのうちの第 1, 2, 4, 8, $\cdots$, 2^{n-1} 列を検査ビットとして使い，残りの列を情報ビットとして使う符号を作ることができる．

この符号はハミング (Hamming) が最初に作ったので，**ハミング符号** と呼ばれている．ハミング符号は 1 ビットの誤りを訂正することのできる誤り訂正符号である．

このほかにも，いろいろな長さの符号や，2 ビット以上の誤りを訂正する符号など，さまざまな優れた符号が現在盛んに研究され，また実際に応用されている．

演習問題 4

4.1 次の数について，2 進数は 10 進数に，10 進数は 2 進数に直せ．

(1) $1101_{(2)}$ (2) $11100_{(2)}$ (3) $30_{(10)}$ (4) $257_{(10)}$

4.2 次の 2 進数を小さい順に並べ替えよ．

(1) $11100_{(2)}$ (2) $10010_{(2)}$ (3) $100011_{(2)}$ (4) $110111_{(2)}$ (5) $11010_{(2)}$

4.3 次の 2 進数の計算をせよ．

(1) $1001_{(2)} + 101_{(2)}$ (2) $101011_{(2)} + 111101_{(2)}$

(3) $10111_{(2)} - 1111_{(2)}$ (4) $101010_{(2)} - 11101_{(2)}$

4.4 121 は，何進法で考えても平方数となることを証明せよ (ただし 2 進法は除く)．たとえば 5 進法では，

$$121_{(5)} = 1 \times 5^2 + 2 \times 5 + 1 \times 5^0 = 36 = 6^2$$

であり，平方数となる．

4.5 青年 F 君の誕生月は図 4.1 の (A), (D) にあり，誕生日は (A), (B), (D), (E) にあり，年齢は (C), (E) にある．それらの数を求めよ．

4.6 相手に 1 から 15 までの好きな数を 1 つ心に思ってもらい，それを当てるゲームをするときは，どのようなカードを作ったらよいか．

4.7 天秤の皿の片方に物をのせ，もう片方には何個か分銅をのせて重さをはかることにする．たとえば 1 g, 5 g, 10 g の分銅を 1 個ずつ用意すると，1 g, 5 g, 6 g, 10 g, 11 g などの重さをはかることができるが，2 g, 3 g, 4 g, 7 g, 8 g などははかることができない．1 g から 30 g までの物を 1 g 単位ではかることができるようにするには，何 g の分銅を用意すればよいか．分銅の個数をできるだけ少なくするように工夫して決めよ．

4.8 表 4.2 を見て答えよ．
(1) 1010 に対応する符号語は何か．
(2) 1010011 を受け取ったとき，誤りを訂正せよ．

第 5 章

一筆書き問題

この章では，グラフ理論の発祥となった有名な一筆書き定理を紹介し，グラフ理論の用語や考え方になじんでもらうことを目的とする．これらの概念は，あとの章を理解するための手助けとなるであろう．

5.1 はじめに

図 5.1 は，ある日の郵便配達の順路である．配達のために必要な道は必ず通らなければならないが，同じ道を何回も通るのは無駄である．必要な道をちょうど 1 回ずつ通るような道順があれば好ましい．そのような道順は常に存在するのだろうか．また，存在するときは，それをどのように見つければよいだろうか．

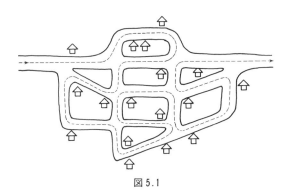

図 5.1

　この章では，グラフ理論の発祥となった有名な定理を紹介する．この定理を理解すれば，上の問題はただちに解けるのである．

5.2　グラフとは

　いくつかの点 $P_1, P_2, \cdots, P_n$ がある．それらのどの2点についても，その2点が線で結ばれているかいないかが決まっている．そのとき，これらの点と線をあわせて **グラフ** と呼ぶ．

　グラフでは，線が直線か曲線かなど，その線の描き方は問題ではなく，2点が結ばれているかいないかのみが問題とされる．すなわち，いくつかの点があり，それらの点の間の結合関係が定められているとき，それをグラフと呼ぶ．

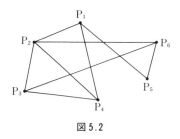

図 5.2

　図 5.2 はグラフの例である．いろいろなものをグラフとして表すことができる．駅を点，線路を線で表すと，そのグラフは鉄道網を表す．同じように，道路網，航空網なども表すことができる．サッカーのチームを点で表し，すでに対戦した2チームを線で結ぶと，そのグラフは，それらのチームの対戦状況を表す (第7章参照)．また，炭素を点とすると，いくつかの炭素原子の結合関係をグラフにより表すこともできる．さらには，人間を点とし，知人である (または知人でない) 2人を線で結ぶことにより，人間関係を表すこともできる．このほか，系図，組織図，コンピュータ・ネットワークなどもグラフで表すことができる．

　グラフは，点とそれらの点の結合関係を示す線から構成されているという非常に単純なものなので，それを研究して得られた理論や方法は，物理学，化

学，統計学，心理学，経営科学，通信工学，コンピュータなど幅広い分野に応用することができる．応用の面だけでなく，純粋理論としてもグラフ理論は盛んに研究されており，現在めざましく発展を続けている．

　グラフにおいて，点から出ている線の数を，その点の **次数** と呼ぶ．次数が奇数である点を **奇点**，次数が偶数である点を **偶点** と呼ぶことにする．図 5.2 のグラフには，奇点が 4 個，偶点が 2 個ある．

　図 5.3(1) もグラフではあるが，つながっていない．グラフのどの点からどの点へも，(何本かの) 線をたどって到達することができるとき，そのグラフを **連結グラフ** と呼ぶ．図 5.3(2) は連結グラフであり，(1) は連結グラフでない．この章では，グラフといえば連結グラフのみを考えることにする．

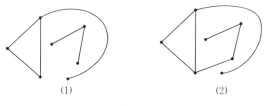

(1)　　　　　　　　　　　(2)

図 5.3

5.3　一筆書き

　5.1 節で述べた「すべての道を 1 回ずつ通る道順があるか」という問題は，すでに，今から 200 年以上も前の人々が直面した問題である．

　当時，プロシアのケーニヒスベルグという町は，プレーゲル川の川岸と，その川中の 2 つの島からなっていて，それらは図 5.4 のように 7 つの橋で結ば

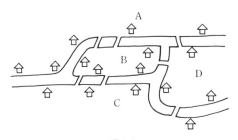

図 5.4

れていた．町の人々は日曜日ごとに町を一巡り散歩していたが，どの橋も1回ずつ渡ってもとに戻ってくるような散歩のコースはないだろうかと考えていた．しかし，誰もそういう散歩のコースを見つけることはできなかった．

　この問題を解決したのが，数学者オイラー (Euler, 1707-1783) である．オイラーは次のように考えた．

　川岸と島を点で表し，それらが橋で結ばれているとき線でつなぐことにすると，図 5.5 のようなグラフができる．そうすると，町の人々が考えた散歩コースの問題は，このグラフが「始点と終点が一致するような一筆書きができるか」という問題となる．

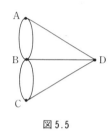

図 5.5

　オイラーは，一筆書きができるかどうかを判定できる次の定理を発見した．

定理 5.1（オイラーの一筆書き定理） グラフが一筆書きができるための必要十分条件は，そのグラフの奇点の個数が 0 または 2 であることである．

証明

　(1)「一筆書きができるならば，そのグラフの奇点の個数は 0 または 2 である」ことの証明

　一筆書きができるので，そのグラフを一筆で描いてみる．始点と終点を除くと，どの点も通過点である．つまり，その点に到達したら必ず出ていく．1回通過するたびに次数が 2 ずつ増えていくから，その点は偶点である．

　始点と終点が同じ点であるとき，その点は偶点であり，同じ点でないとき，始点と終点のどちらも奇点である．

　以上より，一筆書きができるグラフの奇点の個数は 0 または 2 である．

(2) 「奇点の個数が 0 または 2 であるグラフは一筆書きができる」ことの証明

(i) 奇点の個数が 0 のとき

任意の点から出発して一筆書きを試みる．その点から出ている線のうち，どの線でもよいから進む (図 5.6)．すると，別の点に到達する．その点を P とすると，点 P は偶点だから (仮定より，すべての点は偶点である)，今進んできた線とは違う線が P から出ているはずである．そのうちのどの線でもよいから進む．次に到達した点を P′ とする．P′ も偶点だから，まだ進んでいない線があるはずである．そのうちのどの線でもよいから進む．

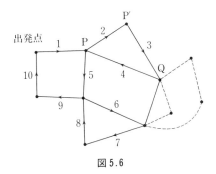

図 5.6

この操作をできる限り繰り返す．点の個数も線の本数も有限個であるから，いつかはこの操作ができなくなる．そのときは，始点に戻っているはずである．このとき，すべての線をすでに描き終わっていたら，これで一筆書きは完成である．まだ描き終わっていないときはどうしたらよいだろうか．

そのときは，今までに通った点の中に，まだ描いていない線が出ている点があるので，その点を Q とおく (図 5.6)．点 Q を始点として，まだ描いていない線を対象として，上と同様に一筆書きを描くと，Q に戻ってくる経路が得られる．それを，最初に描いた経路に追加する．

さらに，まだ描いていない線が残っていたら，同じように追加する．これを続けると，ついには，すべての線を描く経路が得られる．

このようにして一筆書きを完成させることができる．

(ii) 奇点の個数が 2 のとき

2 個の奇点のうちの 1 つの奇点から出発する．(i) と同様に，どの線でもよいから進んでいくと，隣りの点に到達する．その点が偶点ならば，必ず出ていく線がある．その点が奇点でも，出ていく線があれば，その線をたどって出ていく．これをできる限り繰り返す．

もう繰り返せなくなったとする．つまり，ある点 (この点を Z とおく) に到達したものの，出ていく線がないとする．

点 Z は偶点であるはずはないので，奇点である．しかし始点ではない．なぜなら，始点は奇点なので，その点に途中で到達するときは，出ていく線が必ず残っているからである．したがって，点 Z は始点でない，もう一方の奇点である．

ここまでで，始点から点 Z まで描いた．このとき，すべての線を描き終わっていたら，これで一筆書きは完成である．まだ描いていない線が残っているときは，(i) と同様に，それらをこの経路に付け足すことができる．

このようにして一筆書きを完成させることができる．　(証明終)

一筆書きのできる条件は，奇点が 0 個または 2 個であることがわかったが，それでは，奇点が 1 個のときはどうなるだろうか．

実は，奇点が 1 個のグラフは存在しないのである．これに関して次の定理が成り立つ．

定理 5.2　グラフの奇点の個数は常に偶数である．

証明　グラフの点の個数を n, 線の本数を m とおく．グラフの点を $P_1, P_2, \cdots,$ P_n と表し，それらの点の次数をそれぞれ $d_1, d_2, \cdots, d_n$ とする．

これらの次数の和 $d_1 + d_2 + \cdots + d_n$ は，各線を 2 度ずつ数えているから

$$d_1 + d_2 + \cdots + d_n = 2m$$

が成り立つ．

$d_1, d_2, \cdots, d_n$ の中に奇数は何個あるだろうか．もし奇数個あるならば，和 $d_1 + d_2 + \cdots + d_n$ は奇数となり，上の式に矛盾する．したがって，$d_1, d_2, \cdots, d_n$ の中に奇数は偶数個ある．すなわち奇点は偶数個あることが示された．

(証明終)

　オイラーの一筆書き定理を使えば，図 5.5 には奇点が 4 個あるので，一筆書きは不可能であることがわかる．したがって，町の人々が求めようとしていた散歩のコースは存在しないという結論が得られた．

　このように，グラフのすべての線をちょうど 1 回ずつ通る経路のことを **オイラー路** といい，オイラー路で，始点と終点が一致するものを **オイラー閉路** という．

　次の系は，定理 5.1 の証明より明らかである．

定理 5.1 の系　グラフがオイラー閉路をもつための必要十分条件は，そのグラフのすべての点が偶点であることである．

　定理 5.1 や系を使って，図 5.7 が一筆書きができるかどうかを調べてみよう．図 5.7 (1), (2), (3), (4), (5) は，奇点の個数がそれぞれ 2, 4, 0, 4, 2 なので，一筆書きができるのは (1), (3), (5) である．

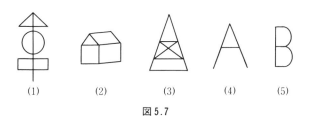

(1)　　(2)　　(3)　　(4)　　(5)

図 5.7

　奇点がないときは，始点と終点は同じ点であり，どの点も始点となることができる．奇点が 2 個のときは，その 2 個の奇点の一方が始点となり，他方が終点となる．

　ケーニヒスベルグではその後 (1875 年)，図 5.8 のように，A と C を結ぶ新しい橋が建設され，その結果，オイラー路が存在するようになったそうである．

問　町の人々が求めていた，すべての橋を 1 回ずつ通ってもとに戻ってくる散歩ができるようにするためには，さらに橋をどこに架けたらよいか．(答は 5.5 節の最後)

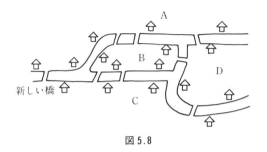

図 5.8

5.4 展覧会の順路問題

　展覧会で，通路の両側に絵などが展示されているときは，各通路を 2 度ず
つ通るように順路を定める必要がある．また，道路清掃車や撒水車などの場
合は，すべての通路を両方向に 1 度ずつ通るような順路を求める必要がある．
このような順路はどのように求めたらよいだろうか．

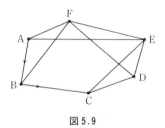

図 5.9

　図 5.9 を参照しながらそのような順路を求めていこう．まず，任意の点 A
から，どの線でもよいから，線に沿って出発する．たとえば線 (A, B) に沿っ
て出ていくとき，線 (A, B) に，その向きに矢印と番号 1 をつけておく．点 B
に到達したら，B から，まだ 1 度も使われていない線に沿って出ていく．た
とえば線 (B, C) に沿って出ていくとき，線 (B, C) に，その向きに矢印と番
号 2 をつけておく．

　以下同様に，点に到達するたびに，まだ 1 度も使われていない線に沿って
出ていき，その線に矢印と番号をつけておく．しかし，まだ 1 度も使われて
いない線がすでになくなってしまっている場合には，出る線としてまだ使わ

れていない線の中で，到着の線として使われたときの番号の一番大きい線に沿って出ていく．(注：もし，今到着した線が，出る線としてまだ使われていない場合は，その線に沿って引き返すことになる．)

このぐるぐる巡りをできる限り続ける．出発点 A 以外のどの点においても，入ってくれば必ず出ていけるので，その点で続けられなくなってしまうことはない．続けられなくなるとすれば点 A においてのみである．点 A で，もうこれ以上，上で述べた操作が続けられなくなったとき，求めたかった順路が得られている．すなわち，すべての点で，すべての線に両方向の矢印が書かれているはずである．その理由は次のとおりである．

まず，出発点 A について考える．点 A においては，もう出ていけないので，すべての線は出る線として使われている．したがって，(出る線と入る線は同じ個数なので) 到着する線としてもすべて使われている．特に最初の線 (A, B) は両方向とも使われている．

そこで，次に点 B について考える．点 B から点 A に出ていく線が使われているということは，(それは，B に入る線としては番号 1 なので，出る線としては最後に使うべきものであるから) B から出ていく線はすべて使われているはずである．よって，(出る線と入る線は同じ個数なので) 点 B に入ってくる線もすべて使われている．

以下同様にして，すべての点ですべての線が両方向とも使われていることが示される．

前節の一筆書きは，グラフによって可能な場合と不可能な場合があるが，この節で説明した順路は，上記のように，どんなグラフでも作ることが可能である．

さらに，前節の一筆書きと異なる点は，その描き方にある．前節の一筆書きの描き方は，定理 5.1 の証明にあるように，1 度描いてみた結果まだ描いていない線があれば，それを追加していくことにより一筆書きが完成する．しかし，この節で説明した両方向の順路の作り方は，1 度で完成し，あとから線を追加する必要はないのである．そのため，迷路や洞窟に迷い込んで出口がわからなくなってしまったときなどには，この節で述べた方法は有効となるであろう．

5.5 ハミルトン路

　オイラー路は，グラフのすべての線をちょうど 1 回ずつ通る経路のことであったが，それに対して，グラフのすべての点をちょうど 1 回ずつ通る経路のことを **ハミルトン**(Hamilton) **路** という．ハミルトン路で，始点と終点が一致するものを **ハミルトン閉路** という．

　たとえば，ある高校で数学の 6 つの科目の試験が行われるとする．科目名とその科目を担当する先生は表 5.1 のようになっている．毎日 1 科目ずつ試験を行い，翌日には採点した答案を返却することになっている．そのため，先生にとっては，担当する科目が 2 日続くと採点が大変である．

表 5.1

科目	先生
数学 I	a, b
数学 A	b
数学 II	a, c
数学 B	c
数学 III	b
数学 C	a

　そこで，担当する科目が連続しないように試験日程を組みたい．どのように組んだらよいだろうか．

　科目を点で表し，担当者が重なっていない場合に限り，その科目の間を線で結ぶことにすると，図 5.10 のグラフができる．このグラフにおいてハミルトン路を見つけることができれば，それが求める試験日程である．たとえば，図の太線が 1 つのハミルトン路であり，その場合，

$$数学 I － 数学 B － 数学 A － 数学 II － 数学 III － 数学 C$$

という試験日程が得られる．

　グラフにオイラー路 (閉路) が存在するか否かは，一筆書き定理により，すぐに判定することができるが，グラフにハミルトン路 (閉路) が存在するか否かの判定条件を求めることはとても難しく，ハミルトン問題と呼ばれていて，

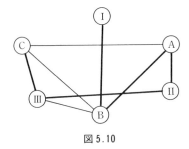

図 5.10

現在まだ解決されていない難問である.

問の答　2点 B, D が奇点なので, B と D を結ぶ橋をもう 1 本架けるとよい.

演習問題 5

5.1　図 5.11 (1), (2), (3), (4) は一筆書きができるか.

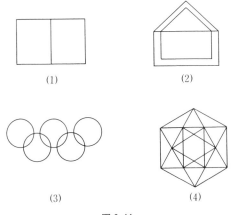

(1)

(2)

(3)

(4)

図 5.11

5.2　図 5.12 は, ある川の河口付近である. すべての橋を 1 回ずつ通るルートを求めよ. ただし, 始点と終点は一致しなくてもよい.

5.3　ある村の道路が拡張され, 両側通行が可能になった (図 5.13). 効率よく

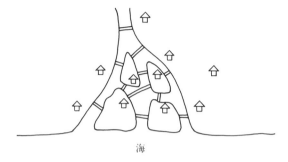

図 5.12

図 5.13

中央線をひくには, どのような経路をたどればよいか.

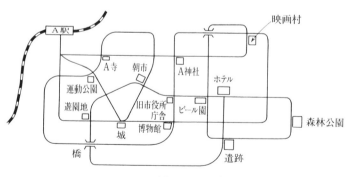

図 5.14

5.4 図 5.14 は，A 市の観光案内の地図である．電車で A 駅についてから，タクシーで A 市の見学をしたい．すべての道を 1 度ずつ通るためには，どのように回ればよいか．

5.5 図 5.15 は長野県 EV スキー場のゲレンデの様子である．A 地点から出発し，すべてのリフトを 1 度ずつ利用して滑走し，もとの地点 A に戻ってくる順路を 1 つ求めよ．

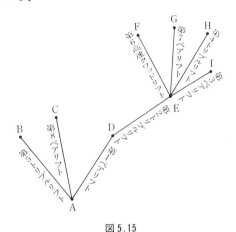

図 5.15

5.6 あるパーティーで，1 つのテーブルを囲んで食事をとることになっているが，その際，知人どおしが隣りになるように席順を決めたい．パーティーの出席者の関係は，表 5.2 に示してある．それをもとにグラフを作り，ハミルトン閉路を求め，席順を決めよ．

表 5.2

	知人
A	B, E, H
B	A, C, D, E, F, G
C	B, D, E
D	B, C, E, F, G
E	A, B, C, D, F, G
F	B, D, E, H
G	B, D, E
H	A, F

第 6 章

集合場所問題

ある会社の大阪支店の社員 30 人と東京支店の社員 15 人が 1 か所に集まっ
て会議をすることになった．旅費の総額を最も少なくするには，どこに集まっ
たらよいだろうか．

旅費は移動距離に比例すると考えると，上の問題は，「総移動距離が最も小
さくなるような集合場所を求めよ」という問題になる．この章では，この種
の問題の解法について考える．

6.1 はじめに

地点 A に 30 人，地点 B に 15 人の人がいる．2 つの地点の間の距離は 30
km である (図 6.1)．全員が 1 か所に集まって会合をする予定である．

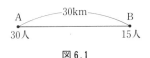

図 6.1

全員の移動距離を合計した総移動距離が最も小さくなるようにしたい．ど
こに集まったらよいだろうか．

地点 A, B の中点がよいだろうか．または，A, B の人数を考慮して決める
べきだろうか．A, B の人数の比は 2 : 1 であるので，AB 間を 1 : 2 で内分
した点 C に集まる場合を考えてみよう (図 6.2)．すなわち，人数の多い方が，

図 6.2

移動する距離が小さくなるようにするのである．そのときの総移動距離を求めると，

$$20 \text{ km} \times 15 \text{ 人} + 10 \text{ km} \times 30 \text{ 人} = 600 \text{ km}$$

となる．

　一方，人数の多いのは地点 A であるから，A に集まることにしたらどうだろうか．この場合，総移動距離は

$$30 \text{ km} \times 15 \text{ 人} = 450 \text{ km}$$

となる．

　したがって，実は，地点 C より 地点 A に集まる方がよいのである．1 : 2 に内分した点 C に集まればよいのではないかと思うのは錯覚である．それは，次のように考えると明らかとなる．

　地点 A と地点 C のどちらがよいかを考えるとき，CB 間については，いずれにしても B にいる 15 人が移動することになるので，AC 間の 10 km のみを考えればよい．A に集まることにすると，B にいる 15 人がその 10 km を移動しなければならない．一方，C に集まることにすると，A にいる 30 人がその 10 km を移動しなければならない．人数の少ない方が移動する方が，当然，総移動距離は小さくなるのである．

　この考え方は，C が A, B を 1 : 2 に内分した点でなくても，A, B の間のどの点 (B を含む) でも成り立つ．以上をまとめると，次のようになる．

解法 6.1 2 地点 A, B のうち，人数の多い方の地点に集合すればよい．(人数が等しいときは，A でも B でもよいし，または，その間のどの点でもよい.)

　おもしろいことに，(人数が違う場合は) 集合する場所は，地点 A か B のどちらかであり，A, B の間の点が集合場所として選ばれることは絶対にないのである．

　2 地点のときはこれで解決したので，次節以降は，地点の数が多いときについて考えよう．

6.2　一般の場合

　いくつかの地点があり，各地点に何人かの人がいる．全員がどこか 1 か所に集まって会合をもちたい．総移動距離を最小にするには，どこに集まったらよいだろうか．

　道路の分岐点は地点であるとしておく．もし，そこに人がいない場合は，その地点の人数は 0 人であると考えればよい．

　2 地点のときは，(人数が違うときも同じときも) 集合場所として，その 2 地点のうちのいずれかを選ぶことができた．

　地点の数が多いときはどうだろうか．実は，地点の数が多いときも，2 地点のときと同様のことがいえるのである．すなわち，集合場所として，はじめに与えられた地点の中から選ぶことができるのである．

　そのことを証明するため，集合場所を，はじめに与えられた地点の中から選ぶことができない場合を想定してみよう．(その結果，もし矛盾が出てくれば，集合場所を，はじめに与えられた地点の中から選ぶことができることが証明されたことになる．)

　そのとき，集合場所は，ある地点とある地点の間の点である．たとえば，図 6.3 のように，地点 I と J の間の点 P が集合場所だったとしてみよう．

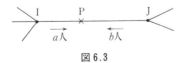

図 6.3

　各地点にいる人達は，I 経由で P に集まるか，J 経由で P に集まるかのいずれかである．両方のルートで来ることのできる人がいるかもしれないが，その場合は，移動距離の小さい方のルートで来るはずである．(移動距離が同じならば，どちらのルートで来てもよい．)

I 経由で P に集まる人の人数が a 人，J 経由で P に集まる人の人数が b 人であったとする．

(i) $a > b$ のとき

a 人は I 経由で，b 人は J 経由で P に集まる．そこで，IP 間に注目する．すると，$a > b$ より，a 人が IP 間を移動するより b 人が IP 間を移動した方が，人数の少ない分，総移動距離は小さくなる．すなわち，集合場所を P から I に移すと，総移動距離は小さくなるのである．これは，P が総移動距離最小の点であることに矛盾する．

(ii) $b > a$ のとき

(i) と同様に，P より J に集合した方が，総移動距離は小さくなり，点 P が総移動距離最小の点であることに矛盾する．

(iii) $a = b$ のとき

P に集合するときと，地点 I, J に集合するとき，また，I, J の間の任意の点に集合するときは，すべて総移動距離は変わらない．よって，地点 I, J も集合場所として選ぶことができる．これは，はじめの仮定と矛盾する．

以上より，次の定理を得る．

定理 6.1 (ハキミ(Hakimi) の定理) 総移動距離が最小となる集合場所は，はじめに与えられた地点の中に必ず (1 つは) ある．

6.3　解　　法

前節の定理 6.1 で，集合場所は，はじめに与えられた地点の中だけから探せばよいことがわかったが，それでは，集合場所を実際に求めるにはどうしたらよいだろうか．この節では，集合場所の求め方について考えてみよう．ただし，閉路がある場合は難しいため，ここでは，閉路がない場合を考えることにする．閉路とは，ある地点から出発して，同じ道を通らないではじめの地点に戻ってくる道のことである．

図 6.4 のように，8 か所の地点 A, B, C, D, E, F, G, H に，それぞれ 50 人，30 人, 20 人, 10 人, 20 人, 10 人, 5 人, 15 人がいるとする．

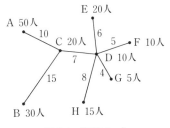

図 6.4 （単位 km）

A, B, C, D, E, F, G, H のうちのどの地点に集合するのがよいだろうか．2
地点のときと同じように，人数の一番多い地点，すなわち，A に集まるのが
よいだろうか．

地点 A に集まることにすると，

$$B にいる人全員の移動距離 = 25\ \mathrm{km} \times 30\ 人 = 750\ \mathrm{km}$$
$$C にいる人全員の移動距離 = 10\ \mathrm{km} \times 20\ 人 = 200\ \mathrm{km}$$
$$D にいる人全員の移動距離 = 17\ \mathrm{km} \times 10\ 人 = 170\ \mathrm{km}$$
$$E にいる人全員の移動距離 = 23\ \mathrm{km} \times 20\ 人 = 460\ \mathrm{km}$$
$$F にいる人全員の移動距離 = 22\ \mathrm{km} \times 10\ 人 = 220\ \mathrm{km}$$
$$G にいる人全員の移動距離 = 21\ \mathrm{km} \times\ 5\ 人 = 105\ \mathrm{km}$$
$$H にいる人全員の移動距離 = 25\ \mathrm{km} \times 15\ 人 = 375\ \mathrm{km}$$

であり，合計すると，総移動距離は 2280 km となる．

残りの地点 B, C, D, E, F, G, H についても，このような計算をして，その
中で，総移動距離が最小となる地点を見つければよい．

しかし，全部の地点についてこのような計算をする必要はないのである．集
合場所を A から C に移すと，A のときの総移動距離 2280 km はどう変わる
だろうか．A から C に移すと，図 6.5 より，

(i)　A の 50 人は 10 km 移動しなければならない．

(ii)　C 側にいる 110 人は 10 km 移動しなくてすむ．

よって，A, C のときの総移動距離をそれぞれ $L_\mathrm{A}, L_\mathrm{C}$ と書くと，

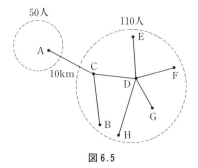

図 6.5

$$L_C = L_A + 10 \text{ km} \times (50 \text{ 人} - 110 \text{ 人}) = 2280 - 600 = 1680 \text{ km}$$

となり，C のときの総移動距離が得られる．よって，A より C に集まる方が
よいことがわかる．

さらに集合場所を C から D に移すと，総移動距離はどう変わるだろうか．
C から D に移すと，図 6.6 より，

(i)　C 側にいる 100 人は 7 km 移動しなければならない．

(ii)　D 側にいる 60 人は 7 km 移動しなくてすむ．

よって，D のときの総移動距離 L_D は，

$$L_D = L_C + 7 \text{ km} \times (100 \text{ 人} - 60 \text{ 人})$$

となり，L_D は L_C より大きいことがわかる．よって，D より C に集まる方
がよい．

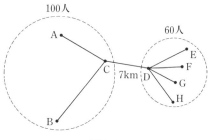

図 6.6

　上の式は，L_C と L_D の大小は，C 側にいる人数と D 側にいる人数の大小によって決まることを示している．すなわち，人数の多い方の地点に集まる方が総移動距離は小さくなるのである．それは，図 6.6 を図 6.7 のように考えると，2 地点のときと同様に，人数の多い方の地点に集まる方がよいことがわかる．

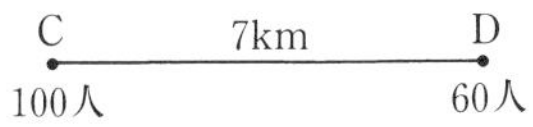

C   7km   D
100人   60人

図 6.7

　このように，C 側より D 側の方が人数が少ないので，D よりもさらに先の地点 E, F, G, H については，(人数はさらに少なくなるので) 調べる必要はない．

　次に，B がまだ残っているので，C と B を比較する．図 6.8 のように，B 側より C 側の方が人数が多いので，B より C に集まる方がよい．

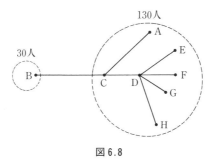

図 6.8

　よって，集合場所は C に決定した．そのときの総移動距離は，$L_C = 1680\,\mathrm{km}$ である．

　上で説明した考え方をまとめると，次のようになる．

解法 6.2 (閉路のない場合) 隣りあう 2 つの地点について，それぞれの側の人数の和を比較して，人数の少ない方の地点を候補から除く．(したがって，その地点の側にある地点もすべて除かれる．) 人数が多いか，または等しい地点は，集合場所の候補として残しておく．これを繰り返して，最後に残った地

点が求める集合場所である.

　解法 6.2 で,最後に 2 つの地点が残る場合もある.その場合は,集合場所として,どちらの地点でもよいし,また,その間のどの点でもよい.

　以上からわかるように,集合場所を決めるときは,各地点の人数のみが問題であり,不思議なことに,地点間の距離は一切関係がないのである.

　以上で,集合場所問題の説明を終わる.この問題は,総距離ができるだけ小さくなるような場所に施設を設置する場合にも応用される.たとえば,各生産地で生産された作物を 1 か所に集める集積センターや,デパートの配送センター,また,電話回路網のスイッチング・センターなどの設置場所を決める際にも応用することができる.

演習問題 6

6.1 図 6.9 で,総移動距離が最も小さくなるような集合場所を求めよ.

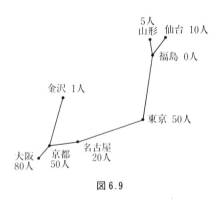

図 6.9

6.2 近くに住む 9 軒の農家は,相談の結果,1 台の除草機を購入して共同で使用することにした.保管場所は,移動時のガソリンを節約するため,9 軒の家までの距離の和が一番小さい場所としたい.そのような場所を求めよ.9 軒の家と道路は図 6.10 に示してある.

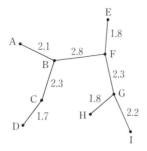

図 6.10 (単位 km)

6.3 ある村に 7 軒の家があり，どの家も電話の設置を希望している．図 6.11 の道路に沿って電話回線をひきたい．7 軒の家の電話回線は 1 か所に集められ，そこでスイッチを入れ替えることにより各家との通話が可能となる．そのような場所をスイッチング・センターという．回線の総距離を最小にするには，スイッチング・センターをどこに設置したらよいか．(ヒント：7 軒の家のほかに，道路の分岐点に架空の家 X, Y があるとする．架空の家は 0 軒と数える.)

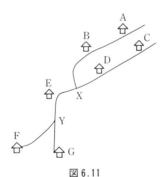

図 6.11

第 7 章

試合の対戦表

この章では，Ｊリーグの対戦表を話題に取り上げる．対戦表の背後にある考え方を説明し，また，その応用として隣接問題にもふれる．これらは，バランスのとれた配置を構成する問題である．

それらの解法のもつ単純な美しさを味わっていただきたい．

7.1 Ｊリーグ

1993 年，日本のプロサッカーリーグであるＪリーグが創設された．当時は 10 チームであったが，翌年新たにジュビロ磐田，ベルマーレ平塚の 2 チームが加わった．1995 年にはセレッソ大阪と柏レイソル，1996 年には京都パープルサンガとアビスパ福岡が加わり，全部で 16 チームとなった．その後，1997 年には 17 チーム，1998 年には 18 チームとなり，そして翌 1999 年には J1 と J2 の 2 部制に移行した．J1 は 16 チーム，J2 は 10 チームからなり，毎年 J1 と J2 の入れ替え戦が行われている．ここでは J1 の 16 チームの対戦表を例に取り上げる．

何チームかが試合を行って優勝チームを決める場合，ふつう，トーナメント戦かリーグ戦によることが多い．トーナメント戦は勝ち抜き戦とも呼ばれ，勝ったチームどうしが対戦し，最後に勝ち残ったチームが優勝となる．一方，リーグ戦は総当たり戦とも呼ばれ，すべてのチームが対戦して，勝ち数の最も多いチームが優勝となる．Ｊリーグやプロ野球はリーグ戦であり，

毎年春と夏に行われる全国高校野球大会はトーナメント戦である．（これに対して大相撲は，幕内力士の中で優勝が争われるが，15 日間の日程で，すべての力士の組合せがあるわけではないのでリーグ戦でなく，またトーナメント戦でもない．どのようなルールで番付表を組むのか筆者にはわからない．）

さて，図 7.1 は 2003 年の J リーグ前半戦の対戦表である．J リーグは，（ほぼ）同じ日にすべてのチームが試合を行う．それを 1 節と数えている．前半戦（1st stage）と後半戦（2nd stage）は，それぞれ 15 節からなっている．どのチームも前半戦の 15 節で，すべてのチームと 1 回ずつ対戦し，後半戦の 15 節で，再びすべてのチームと 1 回ずつ対戦する．前半戦の 15 節の対戦表を作ることができれば，後半戦の 15 節も同じ方法で作ることができるので，ここでは，前半戦の 15 節の対戦表の作り方について考えてみよう．

16 チームを A, B, C, D, E, F, G, H, I, J, K, L, M, N, O, P と書く．どのチームについても，

<blockquote>
「自分以外のチームは 15 チームあるので，
15節で，それら 15 チームと 1 回ずつ対戦する」
</blockquote>

ように組合せを作らなければならない．たとえば第 1 節を

第 1 節 A – P, B – O, C – N, D – M, E – L, F – K, G – J, H – I

としてみよう．そして，第 2 節以降を

第 2 節 A – O, B – N, C – M, D – L, E – K, F – J, G – I, H – P
第 3 節 A – N, B – M, C – L, D – K, E – J, F – I, G – H, O – P
第 4 節 A – M, B – L, C – K, D – J, E – I, F – H, G – P, N – O
第 5 節 A – L, B – K, C – J, D – I, E – H, F – G, M – O, N – P
第 6 節 A – K, B – J, C – I, D – H, E – G, F – L, ? – ?, ? – ?

などと作っていくと，第 6 節の最後の 2 試合は，M, N, O, P をどのように組み合わせても，すでに対戦した組合せができてしまう．

▽第1節
3月21日　磐田　－　横浜　（静岡）
3月22日　市原　－　東京V　（市原）
　　　　　鹿島　－　浦和　（カシマ）
　　　　　FC東京　－　柏　（味スタ）
　　　　　C大阪　－　神戸　（長居）
　　　　　名古屋　－　清水　（瑞穂陸）
3月23日　京都　－　G大阪　（西京極）
　　　　　仙台　－　大分　（仙台）
▽第2節
4月5日　清水　－　C大阪　（草薙陸）
　　　　　東京V　－　FC東京　（味スタ）
　　　　　横浜　－　仙台　（横浜国）
　　　　　大分　－　市原　（大分ス）
　　　　　G大阪　－　磐田　（万博）
　　　　　柏　－　鹿島　（柏の葉）
4月6日　浦和　－　名古屋　（駒場）
　　　　　神戸　－　京都　（神戸ウイ）
▽第3節
4月12日　東京V　－　横浜　（味スタ）
　　　　　C大阪　－　FC東京　（長居）
　　　　　大分　－　G大阪　（大分ス）
　　　　　磐田　－　浦和　（磐田）
　　　　　市原　－　神戸　（市原）
　　　　　京都　－　柏　（鴨池）
4月13日　仙台　－　清水　（仙台）
　　　　　名古屋　－　鹿島　（豊田ス）
▽第4節
4月19日　神戸　－　仙台　（神戸ウイ）
　　　　　浦和　－　京都　（駒場）
　　　　　清水　－　磐田　（静岡）
　　　　　G大阪　－　市原　（万博）
　　　　　鹿島　－　東京V　（カシマ）
　　　　　FC東京　－　名古屋　（味スタ）
4月20日　柏　－　C大阪　（柏）
　　　　　横浜　－　大分　（横浜国）
▽第5節
4月26日　仙台　－　G大阪　（仙台）
　　　　　磐田　－　神戸　（磐田）
　　　　　名古屋　－　柏　（瑞穂陸）
　　　　　京都　－　清水　（西京極）
　　　　　C大阪　－　浦和　（長居）
　　　　　鹿島　－　FC東京　（カシマ）
　　　　　東京V　－　大分　（味スタ）
　　　　　市原　－　横浜　（市原）
▽第6節
4月29日　横浜　－　名古屋　（横浜国）
　　　　　神戸　－　FC東京　（神戸ウイ）
　　　　　仙台　－　磐田　（宮城ス）
　　　　　市原　－　京都　（市原）
　　　　　清水　－　柏　（静岡）
　　　　　東京V　－　浦和　（国立）
　　　　　G大阪　－　鹿島　（万博）
　　　　　大分　－　C大阪　（大分ス）
▽第7節
5月5日　FC東京　－　G大阪　（味スタ）
　　　　　磐田　－　東京V　（静岡）
　　　　　C大阪　－　市原　（長居）
　　　　　鹿島　－　横浜　（カシマ）
　　　　　名古屋　－　大分　（瑞穂陸）
　　　　　京都　－　仙台　（西京極）
　　　　　浦和　－　清水　（埼玉）
　　　　　柏　－　神戸　（柏）
▽第8節
5月10日　市原　－　名古屋　（松本）
　　　　　G大阪　－　柏　（万博）
　　　　　横浜　－　FC東京　（横浜国）
　　　　　東京V　－　清水　（味スタ）
　　　　　仙台　－　C大阪　（仙台）
　　　　　大分　－　鹿島　（大分ス）
5月11日　神戸　－　浦和　（神戸ウイ）
　　　　　磐田　－　京都　（磐田）

▽第9節
5月17日　浦和　－　G大阪　（駒場）
　　　　　鹿島　－　市原　（カシマ）
　　　　　京都　－　東京V　（鴨池）
　　　　　柏　－　横浜　（柏）
　　　　　FC東京　－　大分　（味スタ）
　　　　　C大阪　－　磐田　（長居）
5月18日　名古屋　－　仙台　（豊田ス）
　　　　　清水　－　神戸　（草薙陸）
▽第10節
5月24日　京都　－　C大阪　（西京極）
　　　　　仙台　－　鹿島　（宮城ス）
　　　　　東京V　－　神戸　（味スタ）
　　　　　市原　－　FC東京　（市原）
　　　　　磐田　－　名古屋　（磐田）
　　　　　大分　－　柏　（大分ス）
5月25日　横浜　－　浦和　（横浜国）
　　　　　G大阪　－　清水　（万博）
▽第11節
7月5日　鹿島　－　磐田　（カシマ）
　　　　　浦和　－　大分　（駒場）
　　　　　柏　－　市原　（柏）
　　　　　清水　－　横浜　（国立）
　　　　　名古屋　－　京都　（豊田ス）
　　　　　神戸　－　G大阪　（神戸ウイ）
7月6日　FC東京　－　仙台　（味スタ）
　　　　　C大阪　－　東京V　（長居）
▽第12節
7月12日　浦和　－　FC東京　（埼玉）
　　　　　市原　－　仙台　（市原）
　　　　　東京V　－　柏　（味スタ）
　　　　　横浜　－　京都　（横浜国）
　　　　　清水　－　鹿島　（草薙陸）
　　　　　神戸　－　名古屋　（神戸ウイ）
7月13日　G大阪　－　C大阪　（万博）
　　　　　大分　－　磐田　（大分ス）
▽第13節
7月19日　仙台　－　東京V　（仙台）
　　　　　鹿島　－　神戸　（カシマ）
　　　　　FC東京　－　清水　（味スタ）
　　　　　名古屋　－　G大阪　（瑞穂陸）
　　　　　京都　－　大分　（西京極）
　　　　　C大阪　－　横浜　（長居）
7月20日　柏　－　浦和　（柏の葉）
　　　　　磐田　－　市原　（磐田）
▽第14節
7月26日　浦和　－　仙台　（埼玉）
　　　　　柏　－　磐田　（国立）
　　　　　清水　－　市原　（日本平）
　　　　　名古屋　－　東京V　（瑞穂陸）
　　　　　G大阪　－　横浜　（万博）
　　　　　神戸　－　大分　（神戸ウイ）
7月27日　鹿島　－　C大阪　（カシマ）
　　　　　FC東京　－　京都　（国立）
▽第15節
8月2日　仙台　－　柏　（仙台）
　　　　　市原　－　浦和　（国立）
　　　　　東京V　－　G大阪　（味スタ）
　　　　　横浜　－　神戸　（横浜国）
　　　　　磐田　－　FC東京　（磐田）
　　　　　京都　－　鹿島　（西京極）
　　　　　C大阪　－　名古屋　（長居）
　　　　　大分　－　清水　（大分ス）

図7.1　2003年Jリーグ日程（Jリーグ公式ホームページより作成）

このように，適当に組み合わせて作っていくと，最後まで完成させることが非常に難しい．それでは，対戦表をどのように作ったらよいだろうか．

7.2　完全グラフ

16 チームを図 7.2 のように並べておき，対戦表を作る際に，すでに対戦させた 2 チームは線で結んでおく．こうすることで，すでに対戦させた 2 チームと，まだ対戦させていない 2 チームが一目で区別がつく．このように，対戦状況をグラフで表すことができる（グラフの定義は第 5 章参照）．

図 7.2 は，次の 9 試合

A – B, A – K, B – I, C – L, C – N, E – H, F – J, M – P, N – O

の対戦状況を表すグラフである．

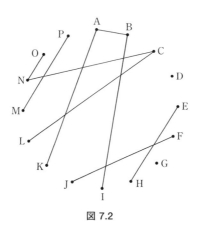

図 7.2

同じ日にすべてのチームが試合をする必要がなければ，対戦状況を表すグラフを作っていくことにより，どの 2 チームももれることなく対戦する日程表を作ることができる．しかし，Jリーグの場合は，（ほぼ）同じ日にすべてのチームが試合をしなければならない．そこに，対戦表を作る難しさがある．

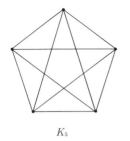 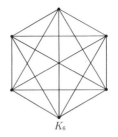

図 7.3

どの 2 点も線で結ばれているグラフを **完全グラフ** といい，点の個数が n 個の完全グラフを K_n と書く．図 7.3 に K_5, K_6 を示す．完全グラフは，どの 2 チームも対戦する様子を表している．

1 節の試合の組合せが，たとえば

A − B, C − G, D − F, E − I, H − P, J − M, K − N, L − O

であるとき，それをグラフに表したものが図 7.4 である．このグラフのように，どの点からも線が 1 本ずつ出ているとき，これを，完全グラフの **1 因子** と呼ぶ．図 7.4 は K_{16} の 1 因子である．当然，1 因子は，偶数個の点をもつ完全グラフにしか存在しない．

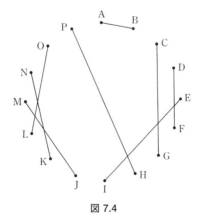

図 7.4

　完全グラフの線全部を，互いに共通の線をもたないいくつかの 1 因子に分けたとき，それらの 1 因子全体を **1 因子分解** と呼ぶ．完全グラフ K_n には，線は全部で $n(n-1)/2$ 本あり，1 つの 1 因子に線は $n/2$ 本ある．よって，完全グラフ K_n の 1 因子分解は，

$$\frac{n(n-1)}{2} \div \frac{n}{2} = n-1$$

より，$(n-1)$ 個の 1 因子からなっている．

　1 因子分解には，完全グラフのすべての線が 1 回ずつ現れる．そして，1 本の線は，その両端の 2 チームが対戦することを表しているので，K_n の 1 因子分解は，すべての 2 チームがちょうど 1 回ずつ対戦することを保証している．各 1 因子は，1 節ごとの試合の組合せを表しているので，結局，1 因子分解は n チームのリーグ戦の対戦表を表すものである．

　以上で，1 因子分解がリーグ戦の対戦表を表すことがわかった．すなわち，16 チームの対戦表を作るには，K_{16} の 1 因子分解を作ればよいのである．

　それでは，K_{16} の 1 因子分解はどのように作ったらよいだろうか．それには明快な作り方がある．図 7.5 に示されているように，まず，もとになる 1 因子 (1)

　　　A – B, C – P, D – O, E – N, F – M, G – L, H – K, I – J

を作り，それを時計回りに回転して，次々と新しい 1 因子を作る．これら 15 個の 1 因子が K_{16} の 1 因子分解となっているのである．それを確かめるには，K_{16} のどの線もちょうど 1 回だけ，(1) から (15) のどれかの 1 因子に現れることを調べればよい．すべての線について 1 本ずつ調べていってもよいが，次のように考えると見通しがよい．

　図 7.6 において，中心 A を結ぶ線は特別な線であるので，それは別として，それ以外の線に長さを定義する．線の両端点が，何目盛り分，離れているかを数え，それをその線の **長さ** と決める．1 目盛りとは，円周上の隣りあう 2 点の間隔のことである．たとえば，図 7.6 の線 CP の長さは 2 であり，線 DM の長さは 6 であり，線 GK の長さは 4 である．ただし，何目

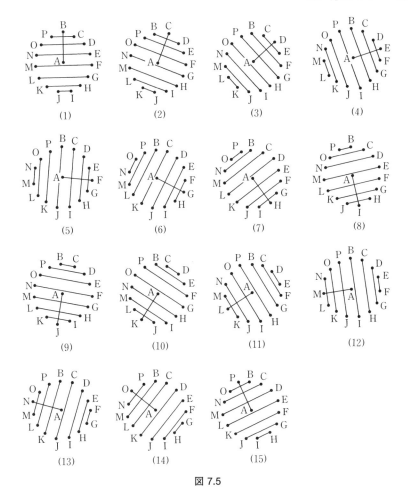

図 7.5

盛り分，離れているかを数えるときは，常に近い方から数えることにする．

　中心 A を結ぶ線についても長さを定義しておくと便利なので，その長さは ∞ であると決めておく．

　すると，図 7.5 のもとになる 1 因子 (1) の 8 本の線の長さは，すべて異なっており，それらは

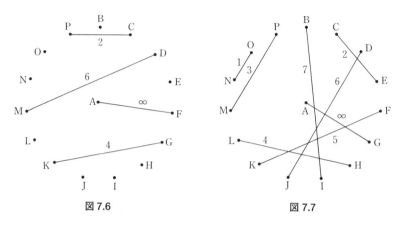

図 7.6　　　　　　　　　図 7.7

$$\infty,\ 1,\ 2,\ 3,\ 4,\ 5,\ 6,\ 7$$

である．長さ ∞ の線が 1 回転すると，完全グラフの長さ ∞ のすべての線
が現れる．長さ 1 の線が 1 回転すると，完全グラフの長さ 1 のすべての線
が現れる．長さ 2, 3, 4, 5, 6, 7 の線についても同じことがいえる．完全グ
ラフ K_{16} の線の長さは，$\infty,\ 1,\ 2,\ 3,\ 4,\ 5,\ 6,\ 7$ のどれかである．よって，
もとになる 1 因子 (1) を 1 回転させると，完全グラフのすべての線がちょ
うど 1 回ずつ現れることが明らかになる．

　以上の議論から気がつくように，もとになる 1 因子は，必ずしも図 7.5
(1) の形である必要はない．長さが $\infty,\ 1,\ 2,\ 3,\ 4,\ 5,\ 6,\ 7$ の 8 本の線から
できている 1 因子ならどんなものでもよい．それを回転すると K_{16} の 1 因
子分解が得られるのである．図 7.7 にその 1 つの例を示す．しかし，この 1
因子は，点の個数が 16 以外の一般の完全グラフに拡張しようとすると，複
雑であるため難しい．単純であるという点で，図 7.5 (1) の 1 因子が一番す
ぐれている．これは，一般の（偶数個の点をもつ）完全グラフに容易に拡張
することができる．

　実際，はじめに掲げた図 7.1 の J リーグの対戦表も，図 7.5(1) の 1 因子
を回転させることにより作られている．具体的な対戦表とチーム名の対応は
次のとおりである．

(1) A – B, C – P, D – O, E – N, F – M, G – L, H – K, I – J

(2) A – C, D – B, E – P, F – O, G – N, H – M, I – L, J – K

(3) A – D, E – C, F – B, G – P, H – O, I – N, J – M, K – L

(4) A – E, F – D, G – C, H – B, I – P, J – O, K – N, L – M

(5) A – F, G – E, H – D, I – C, J – B, K – P, L – O, M – N

(6) A – G, H – F, I – E, J – D, K – C, L – B, M – P, N – O

(7) A – H, I – G, J – F, K – E, L – D, M – C, N – B, O – P

(8) A – I, J – H, K – G, L – F, M – E, N – D, O – C, P – B

(9) A – J, K – I, L – H, M – G, N – F, O – E, P – D, B – C

(10) A – K, L – J, M – I, N – H, O – G, P – F, B – E, C – D

(11) A – L, M – K, N – J, O – I, P – H, B – G, C – F, D – E

(12) A – M, N – L, O – K, P – J, B – I, C – H, D – G, E – F

(13) A – N, O – M, P – L, B – K, C – J, D – I, E – H, F – G

(14) A – O, P – N, B – M, C – L, D – K, E – J, F – I, G – H

(15) A – P, B – O, C – N, D – M, E – L, F – K, G – J, H – I

A：東京 V　B：市原　C：FC 東京　D：大分

E：鹿島　　F：横浜　G：名古屋　　H：G 大阪

I：C 大阪　J：神戸　K：京都　　　L：清水

M：磐田　　N：浦和　O：仙台　　　P：柏

(1)：第 1 節　　(2)：第 2 節　　(3)：第 5 節　　(4)：第 4 節

(5)：第 3 節　　(6)：第 14 節　(7)：第 15 節　(8)：第 11 節

(9)：第 10 節　(10)：第 9 節　(11)：第 8 節　(12)：第 7 節

(13)：第 6 節　(14)：第 13 節　(15)：第 12 節

　上の対戦表の作り方が最も一般的なものである．ここでは，2003 年の対戦表を例に取り上げたが，それ以前の対戦表もこの方法によって作られていたようである．しかし，2004 年の対戦表はこの方法では作られていない．どのような方法で作ったのか，また，なぜ作り方を変更したのか不明であるが，2004 年の対戦表が上の方法では作られていないことは，次のように考

えると分かる.

　2004 年の第 1 節と第 2 節は表 7.1 のようになっており, この 2 つを合わせると,

$$横浜 FM–浦和－C 大阪－名古屋－磐田－東京 V－柏－大分$$
$$－F 東京－新潟－神戸－市原－(横浜 FM へ戻る)$$
$$鹿島－G 大阪－広島－清水－(鹿島へ戻る)$$

のように, 長さが 12 と 4 の 2 個のサイクルができる. しかし, 2003 年の対戦表では, 任意の 2 つの節を合わせると, 長さが 16 のサイクル, 長さが 6, 10 の 2 個のサイクル, 長さが 4, 6, 6 の 3 個のサイクルができるだけである. したがって, 2004 年の対戦表は上の方法によっては作られていないことが分かる.

表 7.1　2004 年の対戦表

第 1 節	第 2 節
横浜 FM － 浦和	清水 － 鹿島
鹿島 － G 大阪	名古屋 － 磐田
柏 － 大分	G 大阪 － 広島
F 東京 － 新潟	新潟 － 神戸
C 大阪 － 名古屋	大分 － F 東京
神戸 － 市原	市原 － 横浜 FM
広島 － 清水	東京 V － 柏
磐田 － 東京 V	浦和 － C 大阪

7.3　いろいろな 1 因子分解

　前節で, 完全グラフ K_n の 1 因子分解の作り方を説明したが, 別のタイプの 1 因子分解もある. ここでは, そのうちのいくつかの作り方を示そう.

　点の個数が $n = 4m$ $(m = 1, 2, 3, \cdots)$ のときは, 図 7.8 のタイプの 1 因子分解を作ることができる. 図は $n = 16$ の場合である.

　点の個数が $n = 4m + 2$ $(m = 1, 2, 3, \cdots)$ のときは, 図 7.9 のタイプの 1

因子分解を作ることができる. 図は $n = 18$ の場合である.

　点の個数が $n = 2^a\ (a = 2, 3, \cdots)$ のときは, 図 7.10 のタイプの 1 因子分解を作ることができる. 図は $n = 16$ の場合である.

　これらのほかにも, いろいろな 1 因子分解が構成されているが, 本質的に異なる 1 因子分解が何個あるのかなど, まだわかっていないことが多い.

7.4　ホーム & アウェー方式

　J リーグでは, どの 2 チームも前半戦と後半戦で 1 度ずつ対戦する. その際, ホームとアウェーで 1 度ずつ試合を行うことになっている. たとえば, A, B の 2 チームが前半戦で

$$\text{A (ホーム)} \ - \ \text{B (アウェー)}$$

ならば, 後半戦では

$$\text{A (アウェー)} \ - \ \text{B (ホーム)}$$

となる. このように, 前半戦のホーム・アウェーが決まれば後半戦のそれは必然的に決まる. したがって問題は, 前半戦のホーム・アウェーをどのように決めたらよいかである.

　「あるチームは, 前半戦の試合はすべてホームで行い, 後半戦の試合はすべてアウェーで行う. 一方, あるチームはその逆である」などということは避けたい. ホームとアウェーの試合がどのチームにとっても交互に行われることが理想的である. しかし, それは不可能である. なぜなら, 第 1 節がホームであるチーム (8 チーム) について考えると, ホームとアウェーが交互に行われるならば, その 8 チームはいつまでも対戦することができないからである. したがって, ホームとアウェーを常に交互にすることはあきらめて, できるだけ交互になるように工夫してみよう.

　たとえば, もとになる 1 因子に, ホーム (h) と アウェー (a) を図 7.11 のように割り当てる. 中心を通る線については, 1 目盛り回転するごとにホームとアウェーを入れ替えることとする. そうすると次に示すように, どの

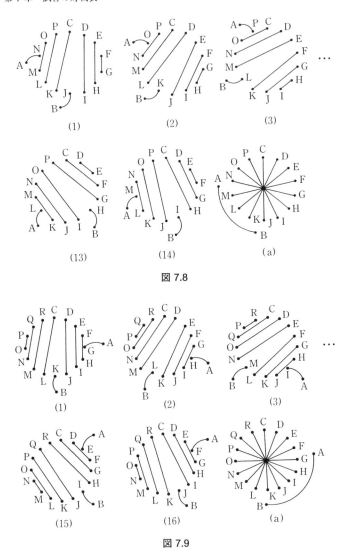

図 7.8

図 7.9

チームについても，ホームとアウェーが 1 か所を除いて交互に割り当てら
れることになる．右肩の h, a が，それぞれホーム，アウェーを表す．（実際

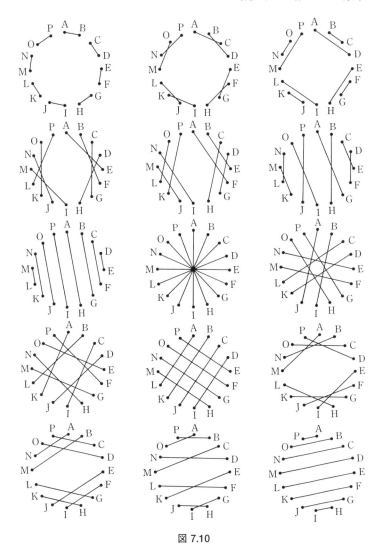

図 7.10

の対戦表では節がこの順になっていないこともあり，交互にならない所が 1

か所よりも多くなっている.）

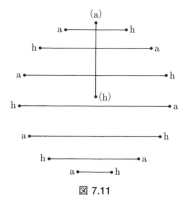

図 7.11

(1) A^h-B^a, C^h-P^a, D^a-O^h, E^h-N^a, F^a-M^h, G^h-L^a, H^a-K^h, I^h-J^a

(2) A^a-C^h, D^h-B^a, E^a-P^h, F^h-O^a, G^a-N^h, H^h-M^a, I^a-L^h, J^h-K^a

(3) A^h-D^a, E^h-C^a, F^a-B^h, G^h-P^a, H^a-O^h, I^h-N^a, J^a-M^h, K^h-L^a

(4) A^a-E^h, F^h-D^a, G^a-C^h, H^h-B^a, I^a-P^h, J^h-O^a, K^a-N^h, L^h-M^a

(5) A^h-F^a, G^h-E^a, H^a-D^h, I^h-C^a, J^a-B^h, K^h-P^a, L^a-O^h, M^h-N^a

(6) A^a-G^h, H^h-F^a, I^a-E^h, J^h-D^a, K^a-C^h, L^h-B^a, M^a-P^h, N^h-O^a

(7) A^h-H^a, I^h-G^a, J^a-F^h, K^h-E^a, L^a-D^h, M^h-C^a, N^a-B^h, O^h-P^a

(8) A^a-I^h, J^h-H^a, K^a-G^h, L^h-F^a, M^a-E^h, N^h-D^a, O^a-C^h, P^h-B^a

(9) A^h-J^a, K^h-I^a, L^a-H^h, M^h-G^a, N^a-F^h, O^h-E^a, P^a-D^h, B^h-C^a

(10) A^a-K^h, L^h-J^a, M^a-I^h, N^h-H^a, O^a-G^h, P^h-F^a, B^a-E^h, C^h-D^a

(11) A^h-L^a, M^h-K^a, N^a-J^h, O^h-I^a, P^a-H^h, B^h-G^a, C^a-F^h, D^h-E^a

(12) A^a-M^h, N^h-L^a, O^a-K^h, P^h-J^a, B^a-I^h, C^h-H^a, D^a-G^h, E^h-F^a

(13) A^h-N^a, O^h-M^a, P^a-L^h, B^h-K^a, C^a-J^h, D^h-I^a, E^a-H^h, F^h-G^a

(14) A^a-O^h, P^h-N^a, B^a-M^h, C^h-L^a, D^a-K^h, E^h-J^a, F^a-I^h, G^h-H^a

(15) A^h-P^a, B^h-O^a, C^a-N^h, D^h-M^a, E^a-L^h, F^h-K^a, G^a-J^h, H^h-I^a

7.5 チーム数が奇数の場合

　今まではチーム数が偶数の場合しか考えてこなかったが，日常行われる
リーグ戦ではチーム数が奇数の場合もある．ここでは，その場合の対戦表の
作り方を考えてみよう．

　たとえば 15 チームの場合はどのように作ったらよいだろうか．その場合

は，架空のチームを 1 チーム加えて全部で 16 チームとし，16 チームの対戦表を作る．そして，架空のチームと対戦する場合は不戦とすればよい．

7.2 節で作った 16 チームの対戦表において，どのチームを架空のチームに割り当ててもよいが，たとえば A を架空のチームに割り当てると次のようになる．

(1) B(不戦)，C – P，D – O，E – N，F – M，G – L，H – K，I – J

(2) C(不戦)，D – B，E – P，F – O，G – N，H – M，I – L， J – K

(3) D(不戦)，E – C，F – B，G – P，H – O，I – N， J – M，K – L

(4) E(不戦)，F – D，G – C，H – B，I – P， J – O，K – N，L – M

(5) F(不戦)，G – E，H – D，I – C， J – B，K – P，L – O，M – N

(6) G(不戦)，H – F，I – E， J – D，K – C，L – B，M – P，N – O

(7) H(不戦)，I – G， J – F，K – E，L – D，M – C，N – B，O – P

(8) I(不戦)， J – H，K – G，L – F，M – E，N – D，O – C，P – B

(9) J(不戦)，K – I，L – H，M – G，N – F，O – E，P – D，B – C

(10) K(不戦)，L – J，M – I，N – H，O – G，P – F，B – E，C – D

(11) L(不戦)，M – K，N – J，O – I，P – H，B – G，C – F，D – E

(12) M(不戦)，N – L，O – K，P – J，B – I， C – H，D – G，E – F

(13) N(不戦)，O – M，P – L，B – K，C – J， D – I，E – H，F – G

(14) O(不戦)，P – N，B – M，C – L，D – K，E – J，F – I， G – H

(15) P(不戦)，B – O，C – N，D – M，E – L，F – K，G – J，H – I

この対戦表において，15 チームのどの 2 チームもちょうど 1 回ずつ対戦していることは，もともと 16 チームの対戦表から作ったのであるから，明らかである．

以上でリーグ戦の対戦表作成問題を終わる．次節では，今まで説明した考え方を応用する話題を取り上げる．

7.6 隣接問題

11 人の人が 5 日間合宿を行う．5 回の夕食は全員で 1 つの円卓を囲んで

とることになっている（図7.12）．どの 2 人もちょうど 1 回ずつ隣りになるようにするには，どのように座ったらよいだろうか．

　1 回の夕食では 2 人と隣りになる．したがって 5 回の夕食では延べ 10 人と隣りになる．どの人についても，この 10 人がすべて異なるようにしなければならない．

図 7.12

　11 人の人を A, B, C, D, E, F, G, H, I, J, K と書く．隣りあうべき 2 人を線で結ぶと完全グラフ K_{11} ができる．円卓の座り方が，たとえば，

$$A - D - H - K - J - F - B - C - G - E - I （A に戻る）$$

であるとき，それを図に表すと図7.13 のようになる．この図のように，すべての点を 1 度ずつ通ってもとの点に戻ってくる経路はハミルトン閉路と呼ばれる（5.5 節）．

　円卓の座り方が与えられれば，K_{11} のハミルトン閉路が得られ，逆に，K_{11} のハミルトン閉路が与えられれば，円卓の座り方が得られる．（正確には，円卓の座り方が（右回りと左回りと）2 通り得られるが，今は隣りのみを問題としているので，その 2 つは区別しなくてよい．）その際，A, B の 2 人が隣りあうということは，対応するハミルトン閉路が A と B を結ぶ線を通るということである．

　したがって，どの 2 人もちょうど 1 回ずつ隣りあう 5 日間の円卓の座り方を作る問題は，完全グラフ K_{11} のすべての線がちょうど 1 回現れる 5 個のハミルトン閉路を作る問題に帰着される．

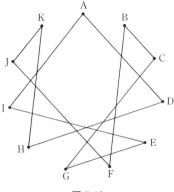

図 7.13

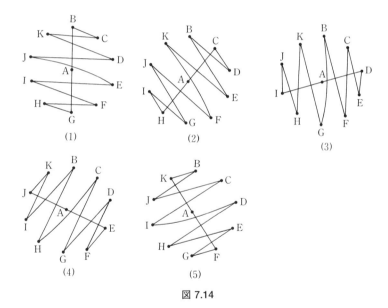

図 7.14

　このような 5 個のハミルトン閉路は，完全グラフ K_{11} の線全部を 5 つに
分解しているので，**ハミルトン分解** と呼ばれている.

　それでは，K_{11} のハミルトン分解はどのように作ればよいだろうか. そ
の標準的な作り方を図 7.14 に示してある. 図の (1) のように，もとになる

ハミルトン閉路を作り，それを時計方向に 1 目盛りずつ回転して (2), (3), (4), (5) を作る．これら 5 個のハミルトン閉路が K_{11} のハミルトン分解となっているのである．なぜなら，もとになるハミルトン閉路には，長さが ∞, 1, 2, 3, 4 の線が 2 本ずつと，長さが 5 の線が 1 本あり，1 目盛りずつ回転することで K_{11} のすべての線が 1 回ずつ現れるからである．線の長さに注目しながら，それを確かめてほしい．

奇数個の点をもつ完全グラフ K_n のハミルトン分解は，これと同じ方法で作ることができる．

一般に，完全グラフ K_n の線は全部で $n(n-1)/2$ 本あり，1 つのハミルトン閉路には n 本の線があるから，K_n のハミルトン分解は，

$$\frac{n(n-1)}{2} \div n = \frac{n-1}{2}$$

より，$(n-1)/2$ 個のハミルトン閉路からなる．

n が偶数のとき，これは整数とはならないので，K_n のハミルトン分解を作ることは不可能である．

しかし，n が偶数のときにも，図 7.14(1) と同じようなハミルトン閉路を作り，それを回転してみよう．1 回転してみると図 7.15 が得られる（図は $n = 10$ の場合）．もとになるハミルトン閉路には，長さが ∞, 1, 2, 3, 4 の線が 2 本ずつあるので，1 回転すると，完全グラフのすべての線が 2 度ずつ現れる．

これを円卓の座り方に直して考えると，偶数人の場合は，（どの 2 人もちょうど 1 度ずつ隣りあうように円卓に座らせることは不可能であるが）どの 2 人もちょうど **2 度ずつ** 隣りあうように座らせることはできるのである．

この節で解説した問題のように，どれも平等に同じ回数だけ隣りにくるような配置を求める問題を **隣接問題** と呼んでいる．実験などで，隣りのものに影響をうける場合は，特定のものばかりが隣りにくると，その影響が増幅されてしまい好ましくない．その場合は，すべてのものが同じ回数だけ隣りにくるようにすることが望ましい．このようなときに隣接問題が適用される．

この章では，完全グラフの 1 因子分解とハミルトン分解を説明した．こ

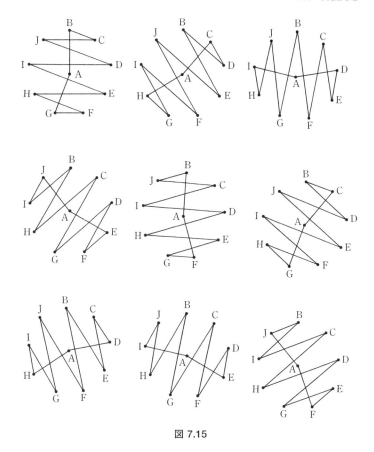

図 7.15

れら以外にもいろいろな分解があるが，その中にはまだ構成法がわからない
分解もあり，現在，盛んに研究が進められている．

　どの分解も調和と均衡のとれた美しさをもっている．そして，それらは美
しいだけでなく，統計，工学，コンピュータなどの分野に重要な応用ももっ
ている．

演習問題 7

7.1 K_8 の 1 因子分解を 1 つ作りなさい.

7.2 K_7 のハミルトン分解を 1 つ作りなさい.

7.3 8 人の将棋仲間が総当たり戦で将棋を行うことにした. 将棋盤は 4 面あるので, 1 日に全員が 1 局ずつ指すことにする. すべての対局が終わるのに何日かかるか. また, その対局表を作りなさい.

7.4 ある都市では, 地区対抗バレーボール大会を 9 チームのリーグ戦で行うことになった. 1 度に 4 試合を実施し, 残りの 1 チームは審判をする. 対戦の組合せと審判役を, 第 1 節から第 9 節まで作りなさい.

7.5 1 人暮らしをしている大学生の A 子さんは, 週 4 日, 昼食を自分で作っていくことにした. 家にいつもある材料 a, b, c, d, e, f, g, h の中から 1 日に 2 種類ずつ選んでサンドイッチを作っていくつもりである. ただし, A 子さんは, 同じ週に同じ材料は 2 回使わないようにしたいと思っている. 毎日違う組合せのサンドイッチを作るとすると何週間分作ることが可能か. また, そのメニューを作りなさい.

材料　　a ツナ　　　b ポテトサラダ　c 卵　　　d レタス
　　　　e チーズ　　f カツ　　　　　g ハム　　h トマト

7.6 教師 1 人と生徒 20 人が 10 日間の研修を行う. そのとき実施される 10 回の討論会は, 21 人全員で 1 つの円卓を囲んで行う. どの 2 人もちょうど 1 度ずつ隣りになるようにするには, どのように座らせたらよいか. また, 隣りあう生徒 2 人が討論会の司会をするようにしたい. どの生徒も 1 回ずつ司会をするにはどのように決めたらよいか.

第 8 章

最短道路網

　いくつかの地点があり，それらを結ぶ道路網や通信網を作るとき，その総距離が最小となるように作りたい場合がある．この章では，2 つの立場から，最短道路網問題の考え方と解き方を説明する．

8.1　はじめに

　林の中に図 8.1 のように 6 地点 A, B, C, D, E, F があるとする．それらの中のどの地点からどの地点へも行くことができるように道路を作りたい．

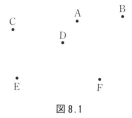

図 8.1

　しかし，道路を作るには建設費用がかかる．その費用は，建設する道路の総距離に比例するとしておく．建設費用をなるべく少なくするためには建設する道路の総距離をできるだけ小さくすればよい．そのためにはどのように道路を作ったらよいだろうか．

　たとえば，図 8.2 のように道路を作るよりも図 8.3 のように道路を作る方

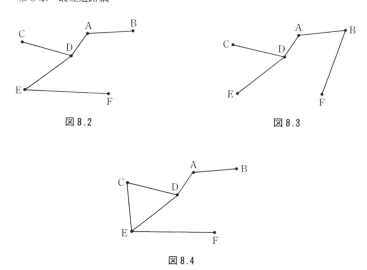

図 8.2　　　　　　　　　　　　　　図 8.3

図 8.4

が総距離は短くなりそうである.

　道路を通ってどの地点からどの地点へも行くことができさえすればよいので, たとえば図 8.4 のように, 道路の一部に閉じた道路 C–D–E–C を作るのは無駄であり, この場合は, 道路 C–D, D–E, E–C のうちのどれか 1 本を除くべきである. なぜなら, その方が総距離は短くなり, しかも, どの地点からどの地点へも行くことができることに変わりはないからである. 閉じた道路のことを閉路と呼ぶこととする. なお, 閉路の定義はあとで詳しく述べる.

　道路網や鉄道網を作ったり, 電気, ガス, 水道などの設備を敷いたり, また電話回線などの通信網を作ったりするときは, 総距離がなるべく小さくなるようにする必要が生じる.

　このように, いくつかの与えられた地点をすべてつなぐ道路網で, 総距離が最小となるものを求める問題を **最短道路網問題** という. 距離のかわりに, 時間や費用などを問題にすることもある. すなわち, 各 2 地点間に数値が対応していれば, この問題を適用することができる. ここでは, 距離を例に取り上げて説明していくことにする.

8.2 最短道路網 (その 1)

以後，地点のことを単に点といい，また，2 点を結ぶ道路のことを線ということにする．何本かの線をひくことによっていろいろな道路網ができるが，この節では，その中で最短の道路網を作る方法について考える．

点が A, B の 2 点しかないときは，A, B を結ぶ直線道路を作れば，それが最短道路網である．

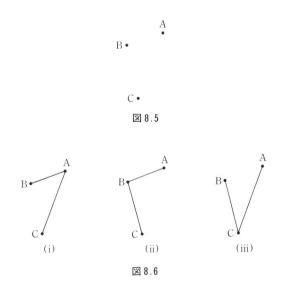

図 8.5

図 8.6

では，点が 3 点あるときはどのように作ればよいだろうか．3 点 A, B, C が図 8.5 のようにあるときは，図 8.6 で示すように 3 通りの道路網が考えられる．この中で総距離が最小なものはどれであるか目測してみると，(ii) が最小のようである．それはなぜだろうか．それは，A–B, B–C, C–A の中で一番距離の小さい線が A–B であり，次に距離の小さい線が B–C であるからである．

このように，3 点 A, B, C をつなぐ最短道路網を作るには，まず，一番近い距離である A–B を結び，次に，その次に近い距離の B–C を結ぶとよい．

なぜなら，そうではなく A–C を結ぶことにすると，A–B か B–C は (閉路
ができるので) 除くことになるが，A–C は，A–B と B–C のどちらよりも
距離が大きいので，最短道路網ではなくなってしまうからである．

図 8.7

　点の数が多い場合も，この考え方で最短道路網を作ることができる．図 8.7
の場合を例にして考えると，まず，一番近い 2 点を線 1 で結ぶ．次に近い 2
点を線 2 で結ぶ．さらに，次に近い 2 点を線 3 で結ぶ (図 8.8)．

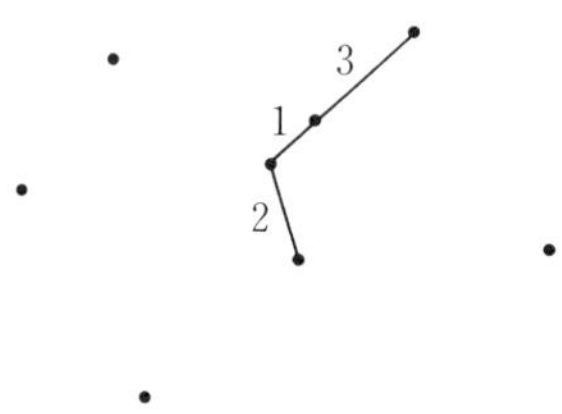

図 8.8 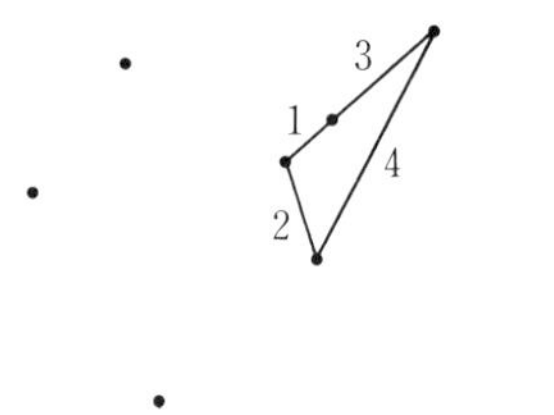　　　　　　　　　　　　　　　図 8.9

　さらに，次に近い 2 点を線 4 で結ぶ (図 8.9)．ところが，線 1, 2, 3, 4 は閉
路となってしまう．閉路は 8.1 節で述べたように無駄であるので，そこは結
ばないこととし，その他のところで一番近い 2 点を線 4 で結ぶ (図 8.10)．

図 8.10

以上の操作を次々と繰り返す．すなわち

規則 8.1

1. 一番近い距離にある 2 点を見つけてそれを線で結ぶ．
2. 次に近い距離にある 2 点を見つけてそれを線で結ぶ．ただし閉路ができるならそこは結ばない．
3. 2. の操作をできる限り続ける．(同じ距離の 2 点が複数組ある場合は，どちらを結んでもよい.)

これが最短道路網を作る規則である．ここで **閉路** とは，連続する何本かの線で作られる道路で，始点と終点が一致するもののことである．

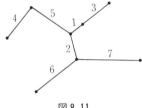

図 8.11

今の例を続けると，線 5, 6, 7 が図 8.11 のように得られる．これで線は 7 本ひかれたことになる．8 本目の線をひこうとしても，どこにひいても閉路ができてしまうので，上の操作はこれ以上は続けられない．点はもともと 8 個あり，すべての点が道路につながったので，これで 8 点を結ぶ道路網が完成した．

このようにして作った道路網は，最短道路網となっている．それはなぜだろうか．短い線から順にひいていったので，最短道路網となっていることはあたりまえのような感じがする．

しかし，もっと総距離の小さい道路網を作ることができるかどうか調べてみよう．試しに，上でひいた 7 本の線のほかに，別の 1 本の線 z を追加してみる．すると閉路ができる (もし閉路ができなければ，規則 8.1 の操作を続けているはずだから)．閉路は無駄なので，閉路を構成している線のうちの 1 本を除かなければならない．その場合，一番長い線を除くのがよい．ところ

が一番長い線は，今追加した線 z である (線 z がもし短いならば，規則 8.1
により z はすでにひかれているはずであるから).

　このように考えると，規則 8.1 で作った道路網よりも総距離の小さい道路
網を作ることはできないようである．次節で，その理由をきちんと説明する
ことにしよう.

8.3　閉路のない道路網の性質

　前節に引き続き，2 点を結ぶ道路のことを線と呼び，何本かの線をひくこ
とによってできる道路網を考える．ここで **道路網** とは，どの点からどの点へ
も (何本かの) 線を通って行くことができるときに使うこととする．たとえば
図 8.12 などは道路網とは呼ばない.

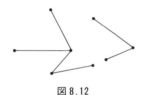

図 8.12

　まず，閉路のない道路網の性質について調べる.

定理 8.1　閉路のない道路網においては，線の数 = 点の数 − 1 が成り立つ.

証明　閉路のない道路網の点の数を n とおき，n に関する帰納法で証明する.
　まず $n = 2$ のときは，線の数は 1 本であるので，上の定理は成立する．ま
た $n = 3$ のときは，線の数は 2 本であるので，やはり上の定理は成立する.
　k を 3 以上の整数として，$n = k$ のとき定理が成立すると仮定する．すな
わち

$$線の数 = 点の数 − 1$$

が成り立つと仮定する．$n = k + 1$ である閉路のない道路網を考える．閉路が
ないので必ず端の点 (行き止まりの点) がある．それを A とおく．点 A と，
A から出ている (ただ) 1 本の線を除くと，k 点からなる閉路のない道路網と

なる.

　帰納法の仮定より, その道路網に対しては

$$線の数 = 点の数 - 1$$

が成り立っているから, その道路網に, 点 A と 1 本の線を付け加えたもとの
道路網においても (線の数と点の数はそれぞれ 1 個ずつ増えるから), やはり

$$線の数 = 点の数 - 1$$

が成り立つ. 以上より定理が示された.　　(証明終)

定理 8.2 閉路のない道路網では, ある点から別の点への行き方はただ 1 通り
しかない.

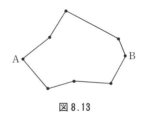

図 8.13

証明　道路網の定義より, 行き方は少なくとも 1 通りはある. 仮に点 A から
点 B への行き方が 2 通りあったとすると, 図 8.13 のように閉路があること
になり矛盾である. よって, 行き方はただ 1 通りしかないことがわかる.

(証明終)

定理 8.3 閉路のない道路網に 1 本の線を書き加えると, 閉路がただ 1 つで
きる.

証明　点 A と点 B の間に 1 本の線を書き加えるとする. 定理 8.2 より, A と
B はもともと, ただ 1 通りの道で結ばれているので,
閉路がただ 1 つできることがわかる (図 8.14).

(証明終)

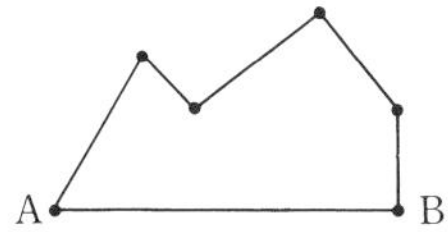

　さて, 規則 8.1 で作った道路網を D_0 とおき, D_0

図 8.14

が本当に最短道路網となっていることを証明しよう. 点の数を n とおく.

D_0 に属する線を，描いた順に，つまり距離の小さい順に

$$e_1, \ e_2, \ e_3, \ \cdots, \ e_{n-1}$$

とおく. 最短道路網は必ず存在するので (なぜなら点の数は有限個である)，それを D_1 とおく. いくつか存在するときは，そのうちの 1 つを D_1 とおく. D_1 が D_0 と等しければ何もいうことはないので，D_1 が D_0 と異なる場合を考える.

D_1 は $e_1, e_2, e_3, \cdots, e_{k-1}$ まで含み，e_k は含んでいないとする. すなわち，そういう番号を k とおく ($1 \leq k \leq n-1$). D_1 に e_k を付け加えた道路網を $D_1 + e_k$ と書くことにすると，定理 8.3 より，これは閉路をもつ (図 8.15).

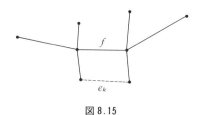

図 8.15

　f を，その閉路上にある D_1 の線で，$e_1, e_2, e_3, \cdots, e_k$ 以外のものとする. (それは必ずある. なぜなら，e_i だけなら閉路はできないからである.) $D_1 + e_k$ から f を除いた道路網を $D_1 + e_k - f$ と書くと，これは閉路をもたない. $D_2 = D_1 + e_k - f$ とおく. e_k と f の長さを比較すると，e_k は規則 8.1 にしたがって選んだので，e_k の長さは f の長さよりも短いか等しい. よって，D_2 の総距離は D_1 の総距離よりも小さいか等しい. したがって D_2 も最短道路網である.

　以上のように，最短道路網 D_1 の線を 1 本入れ替えて，D_0 により近い最短道路網 D_2 を作ることができる.

　D_2 についても同じように線を 1 本入れ替えて，D_0 により近い道路網を作ることができる. これを繰り返すと，いつかは D_0 と一致する.

　このようにして D_0 は最短道路網であることが証明された.

8.4 最短道路網（その2）

　以上で最短道路網の問題を解くことができた．しかし，これで問題は解決
したのだろうか．実際問題として，もっと総距離の小さい道路網を作ること
はできないだろうか．

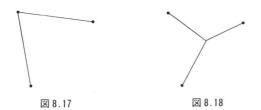

図 8.16

　たとえば 3 点が図 8.16 のようにあるとき，これまでの解き方では最短道路
網は図 8.17 のようになる．しかし，たとえば図 8.18 のようにした方が総距
離は短くなりそうである

図 8.17　　　　　　　　図 8.18

　これまでの解き方は，2 点を結ぶ線を何本かひくことによってできる道路
網のみを対象にした場合の解き方である．すなわち，はじめに与えられた点
でのみ道路が枝分かれできるとした場合である．ところが現実にはそうでな
い場合が多い．
　道路が枝分かれする点はどこでもよい，つまり，道路をどこに作ってもよ
いということにすると，これまでの最短道路網よりも，もっと最短の道路網
が作れるのである．
　しかし，このように道路網の条件をゆるくすると，最短道路網問題を解く

ことが途端に難しくなる.

2点の場合は，前と同様にその2点を直線で結べば，それが最短道路網となるので，次節以降では3点以上の場合について考える．この問題の解法は難しいが，見事な考え方で解くことができる．しばらく，それを鑑賞することにしよう.

8.5　シュタイナー・ポイント

3点 A, B, C が図 8.19 のように与えられているとする.

図 8.19

この中のどの点からどの点へも行くことのできるような道路網のうち，総距離が最小のものを見つけたい．ただし，道路はどこに作ってもよいとする.

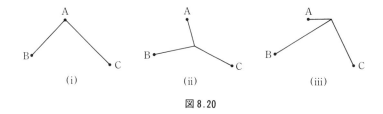

図 8.20

この場合は，図 8.20 のように3種類の道路網が考えられる．(i) は前節の方法で作った道路網であり，(ii) は三角形 ABC の内部に点をとり，その点と A, B, C を結んだ道路網であり，(iii) は三角形 ABC の外部に点をとり，その点と A, B, C を結んだ道路網である.

(ii) は三角形の内部に分岐点をとる場合であるが，ここでは,「内部」というときは三角形の辺上も含めることにすると，(i) は (ii) の場合に含まれる.

(iii) は三角形の外部に分岐点をとる場合であるが，(ii) の場合よりも総距

離は大きくなるので，(iii) は考慮外とする (演習問題 8.4).

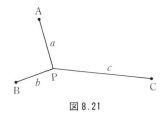

図 8.21

よって以下，(ii) の場合についてのみ考える．三角形の内部の点を P とおき，AP の長さを a, BP の長さを b, CP の長さを c とおく (図 8.21).

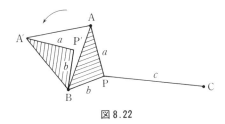

図 8.22

三角形 ABP を，点 B を中心にして左へ $60°$ 回転して，図 8.22 のように三角形 A′BP′ を作る．すると，三角形 A′BA や P′BP は ($60°$ 回転してできたものなので) 正三角形である．したがって P′P の長さは b である．

$$A'P' = a, \quad P'P = b, \quad PC = c$$

であるから，

$$A'P' + P'P + PC = a + b + c$$

となる．

最短道路網とは，$a + b + c$ が最小となる道路網のことであり，$a + b + c$ が最小となるのは A′, P′, P, C が一直線上にあるときである．

つまり，求めたい点 P は，AB の上に正三角形 A′BA を作り，A′ と C を直線で結んだとき，その直線上にある．

次に，同じことを辺 AC でも行う．AC の上に正三角形を描き，その頂点を A″ とおくとき，求めたい点 P は直線 A″B 上にある．すなわち点 P は

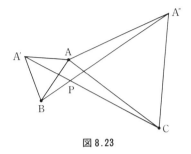

図 8.23

A′C と A″B の交点である (図 8.23).

さらに，(その必要はないが) 辺 BC 上に正三角形を描き，その頂点を A‴ とおくとき，点 P は直線 A‴A 上にもある.

このようにして求めた点 P から A, B, C にそれぞれ直線をひけば，最短道路網が得られる．この点 P を **シュタイナー**(Steiner)・**ポイント** という.

さて，三角形 ABC があり，辺 AB の外側に正三角形の頂点 A′，辺 AC の外側に正三角形の頂点 A″ をとる．A, B, A′ を通る円と，A, C, A″ を通る円を描き，図 8.24 のように，2 つの円の A 以外の交点を Q とする.

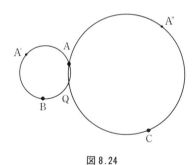

図 8.24

円周角が等しいことから

$$\angle AQA' = \angle ABA'$$

であり，それらは 60° である．また

$$\angle AQC = 180° - \angle AA''C$$

であるから，∠AQC は 120° である．以上より

$$\angle A'QC = 60° + 120° = 180°$$

となり，3 点 A′, Q, C は一直線上にある．同様に 3 点 A″, Q, B も一直線上にある．

　すなわち，2 つの円の交点 Q は，点 P と同じ点であることがわかった．

　∠AQB = 120° であるから，点 Q は，2 点 A, B を 120° の角度で見下ろす点である．∠AQC = 120° であるから，点 Q は，2 点 A, C をも 120° の角度で見下ろす点である．1 周は 360° であるから，点 Q は，2 点 B, C も 120° の角度で見下ろす点である．

　したがって，3 点 A, B, C のシュタイナー・ポイントとは，どの 2 点も 120° の角度で見下ろす点であると特徴づけることができる (図 8.25)．

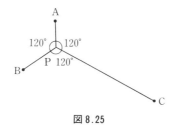

図 8.25

規則 8.2　はじめに 3 点 A, B, C が与えられている．

1. 辺 AB の外側に正三角形 ABA′ を，辺 AC の外側に正三角形 ACA″ を作る．

2. 線分 A′C と A″B の交点を P とおく．

3. このとき {PA, PB, PC} が最短道路網であり，その総距離は線分 A′C の長さ (線分 A″B の長さでも同じ) である．

　3 点の最短道路網を作るときの分岐点となるシュタイナー・ポイント P は，このようにして求めることができる．

注　シュタイナー・ポイントは，どの 2 点も 120° の角度で見下ろす点であるので，三角形のどれかの角度が，たとえば ∠A が 120° をこえる場合は，三

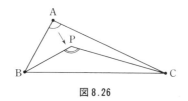

図 8.26

角形 ABC の内部にそのような点をとることは不可能である．なぜなら，図
8.26 のように，角はつぶせば大きくなるから，内部の点を P とすると常に∠P
> ∠A であり，120° の角度で見下ろす点は存在しない．

　∠A が 120° をこえる場合は複雑なため，特殊なケースとして除外し，ここ
では扱わないが，その場合の最短道路網は {AB, AC} で与えられる．

8.6 4 点を結ぶ最短道路網

　4 点 A, B, C, D が図 8.27 のように与えられているとする．

図 8.27

　前節同様，道路はどこに作ってもよいとして，4 点 A, B, C, D を結ぶ最短
道路網を作りたい．

　前節の考え方をまねて，四角形 ABCD の内部に 1 個の分岐点 T をとり，
図 8.28 のように道路網を作ってみよう．ところが，点 A, B, T に対しては，
そのシュタイナー・ポイント P をとることにより，点 A, B, T をより短い道
路網で結ぶことができる．また，点 C, D, T に対しても，そのシュタイナー・
ポイント Q をとることにより，点 C, D, T をより短い道路網で結ぶことがで
きる．

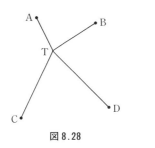

図 8.28

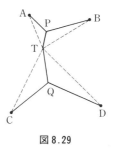

図 8.29

　すなわち，図 8.29 で実線で示してある道路網の方が，点線で示してある道路網よりも総距離は短くなる．さらに，P, Q を直線で結び直した方がより短くなる．

　このように考えると，内部に 1 個でなく 2 個の分岐点をとった方がよいことがわかる．

　よって以下，図 8.30 のように 2 個の分岐点 P, Q をもつ道路網について考える．

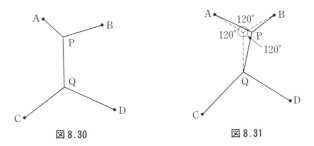

図 8.30　　　　　　　　　図 8.31

　かってに 2 個の分岐点 P, Q をとってみる．すると，前節の結果より，点 P を点 A, B, Q のシュタイナー・ポイントとなるように取り直した方がよいことがわかる (図 8.31)．同様に，点 Q も点 P, B, C のシュタイナー・ポイントとなるように取り直した方がよい．以上をまとめると，2 個の分岐点とも，その点に入る 3 本の直線が 120° の角度で交わっていることが望まれる．

　このような性質をもつ 2 個の分岐点はどのように求めたらよいだろうか．それは次のようにすればよい．

　辺 AB の外側に正三角形 ABE とその外接円を描いておく．辺 CD の外側

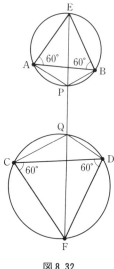

図 8.32

にも同様に，正三角形 CDF とその外接円を描いておく．直線 EF と 2 つの
外接円の交点を P, Q とすれば，それらが求める分岐点である (図 8.32)．

　なお，若干の考察をすると，このときの道路網の総距離 (PA + PB + PQ
+ QC + QD) は EF の長さに等しくなることがいえる．

　辺 AC, BD に対しても同様に分岐点 P′, Q′ を求めることができるので，図
8.33 のように，2 個の分岐点は 2 組作ることができる．それらの総距離を比
較して短い方が求める最短道路網である．

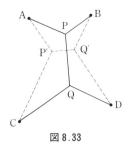

図 8.33

注　4 点の場合も，特殊なケースは煩雑となるのでここでは省略し，標準的な

ケースのみを扱った．5 点以上の場合も同様の発想で考えていくことができるが，4 点の場合で解法のエッセンスは伝わったと思うので 5 点以上の場合は省略する．

演習問題 8

8.1 おおぐま座は北の空にうかぶ星座で，図 8.34 のような姿をしている．この星座を構成する点を図 8.35 のように A, B, ⋯, R とおく．2 点間の距離をはかり，それを距離の小さい順に並べると表 8.1 のようになる．2 点間に直線をひくことにより最短道路網を作成して，図 8.34 と比較せよ．

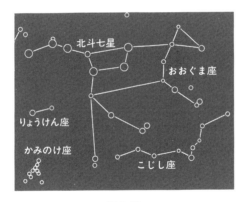

図 8.34

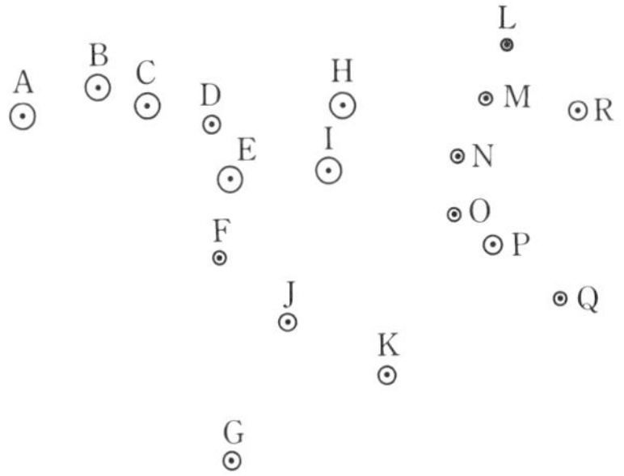

図 8.35

表 8.1

距離	線	距離	線
5	BC, OP	30	HQ, KM
6	DE, LM, MN, NO	31	BJ, DK, GI, JM
7	CD, HI	32	DL, DP, EL, FM
8	EF	33	AI, CN
9	AB, DF, PQ	34	AH, CO, DG, GO, KR
10	EI, FJ, MR, NP	35	AJ, CM, GP
11	CE, JK, LR	36	FQ, KL
12	LN, MO	37	CG, CK, EQ, ER, FL, JL, JR
13	BD, DI, HN, IN, NR	38	BN, CL, DR, GH, GQ
14	AC, DH, EH, FI, IO, OQ	39	CP, GN
15	GJ, HM, MP	40	BG, BO, DQ, FR
16	EJ, HO, IJ, PR	41	AG, BM
17	BE, CF, KP, OR	42	BK
18	GK, HL, IM, KO, LO, NQ	43	BL
19	IP, QR	44	BP
20	CI, FG, FH, KQ	45	CR, GM
21	AD, BF, CH, FK, HP, JO, LP	46	AN
22	DJ, IK, MQ	47	AK, AO, CQ
23	AE, HJ, IL, JP	49	AM
24	EN, EO, KN	51	BR, GL, GR
25	AF, EK, FO, HR, JN	52	AL, AP
26	BH, BI, CJ, DN, LQ	53	BQ
27	DO, FN, IQ, IR	59	AR
28	EG, EP, HK, EM	60	AQ
29	DM, FP, JQ		

8.2 A, B, C, D の 4 人が山林に山小屋をそれぞれ建てた．お互いに行き来ができるように道を作りたい．道を作るのにかかる時間は，AB 間は 4 時間，AC 間は 3 時間，AD 間は 1 時間，BC 間は 4 時間，BD 間は 2 時間，CD 間は 5 時間である．なるべく早く道を作り終えるには，AB 間，AC 間，AD 間，BC 間，BD 間，CD 間のうちのどこに道を作ればよいだろうか．道を作るのにかかる総時間も求めよ．

8.3 5 つの都市 A, B, C, D, E があり，それらの都市をつなぐ通信網を作りたい．それらの都市間をつなぐための建設費用は表 8.2 のように与えられている．どの都市間をつなぐことにすると総費用が一番少なくてすむか．また，

表 8.2　　(単位 百万円)

	A	B	C	D	E
A	0	8	20	16	27
B	8	0	17	16	33
C	20	17	0	14	32
D	16	16	14	0	18
E	27	33	32	18	0

その総費用も求めよ.

8.4 三角形 ABC の外部に点 P があるとする.

(1) 点 P が図 8.36 のような位置にあるときは, 図で示されているように三

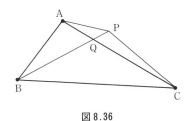

図 8.36

角形の辺上に点 Q をとると,

$$QA + QB + QC < PA + PB + PC$$

となることを示せ.

(2) 点 P が図 8.37 のような位置にあるときは, 図で示されているように三角形の辺の延長線上に点 Q をとると,

$$AB + AC < QA + QB + QC < PA + PB + PC$$

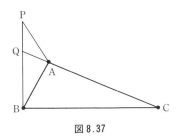

図 8.37

となることを示せ (ただし, ∠PQC > 90° とする).

8.5 新聞によると, 大都市間をつなぐ地下の巨大トンネルの中を時速 600km で飛ぶ地中飛行機の実験, 研究が進められているという. 今, 図 8.38 のような位置にある 3 つの大都市 A, B, C を地中飛行機で行き来できるようにしたい. 地中に巨大トンネルを建設するには巨額の費用がかかるので, トンネルの総距離を最小にしたい. A, B, C をつなぐ最短トンネル網を図示しなさい.

図 8.38

8.6 A 氏は広大な土地を買い, そこに豪邸を建てた. 犬を 3 匹飼っているので敷地内に図 8.39 のように犬小屋を 3 つ作った. ここで, 四角形 ABCD は正方形である. 家と犬小屋を行き来できるように敷き石で道を作りたい. A 氏は敷き石の費用はできるだけ節約したい意向である. 敷き石の総距離を最小にするにはどのように道を作ったらよいか. ただし, 敷き石はどこにでも敷くことが可能である.

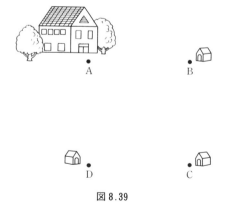

図 8.39

第 9 章

不動点定理

　この章では，三角形の頂点のラベル付けに関するスペルナー (Sperner) の定理のおもしろさと，不動点定理の不思議さにふれる．不動点定理は，20世紀初頭にブラウエル (Brouwer) が証明し，その後，様々な形の不動点定理に拡張され，代数，幾何，解析など現代数学のいろいろな分野において重要な定理となっている．さらに経済学や物理学などの分野へも応用されている．

9.1　はじめに

　ガードナーのパズルの本には，次のような問題が載っている [11]．

　K 君が山の麓に下りてきたとき，N 先生に出会った．

K 君「先生，こんばんは．僕は，昨日の朝 7 時にここ（山の麓）を出発して，夕方の 7 時に頂上に着きました．一晩そこで寝て，今朝 7 時に頂上を出発して，ちょうど今，夕方の 7 時に麓に戻ってきたところです．」

N 先生「それなら君は，今日下りてくる途中で，ある地点を昨日登ったときとまったく同じ時刻に通り過ぎたことに気づいたかい．」

K 君「いえ，そんなはずはありませんよ！　お昼を食べた場所も違うし，休憩した場所も時間も違います．それに，行きと帰りでは歩く速さも違ったのですから．」

N 先生「いや，それでも君は，昨日と今日と，全く同じ時刻に同じ場所を

通った，そういう場所があるよ.」

K 君「…？」

　N 先生の言っていることは正しいだろうか. 山の麓から頂上までの道は，細い 1 本道だったとする. N 先生は K 君が麓に戻ってきたときに偶然会っただけで，K 君に同行していたわけではない. それなのに，どうして N 先生は上のようなことが分かるのだろうか. この章では，この問題に関連する問題について考える.

9.2　スペルナーの定理

　線分 AB がある. この線分の内部に好きなだけ点を打ち，それらの点に A または B のラベルを自由に付ける. たとえば図 9.1 のように付けたとする.

　すると，小線分 AA，AB，BA，BB などが現れる. 以後，小線分 AB と BA は区別しないこととする. つまり，向きは考えないこととする. 図 9.1 では，小線分 AB は 3 個現れているが，小線分 AB が現れないということはあるだろうか. すなわち，小線分 AB が現れないように点にラベルを付けることは可能だろうか. 左端が A だとすると，AB が現れないようにするには，その隣の点も A と付ける. その隣の点も A と付け，最後まで A と付けると，右端は B なので，最後に小線分 AB が現れてしまう. このように，小線分 AB はどこかに現れることが分かる.

　それでは，何個現れるだろうか. 図 9.2 のように点にラベルを付けると小線分 AB は 5 個現れる. いろいろ試してみると分かるように，小線分 AB は常に奇数個現れる. すなわち，次の定理が成り立つ.

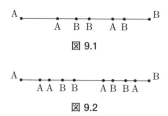

図 9.1

図 9.2

定理 9.1 線分 AB の内部に適当にいくつかの点を打ち，それらの点に A ま たは B のラベルを付ける．すると，小線分 AB は常に奇数個ある．

証明 点 A の個数に着目する．小線分 AA が α 個，小線分 AB が β 個あっ たとする（$\alpha, \beta \geq 0$）．すると，点 A は小線分 AA に 2 個含まれているから， 単純に数えると A は全部で $2\alpha + \beta$ 個となる．しかし，内部の点 A につい ては 2 度数えており，端の点は 1 度だけ数えている．内部に点 A が n 個あ るとすると，

$$2\alpha + \beta = 2n + 1$$

という式が得られる．右辺は奇数であるから，β は奇数であることが分か る．したがって，小線分 AB は奇数個あることが分かる．（証明終）

β は奇数であり，かつ $\beta \geq 0$ であることより，$\beta \geq 1$ である．すなわち， 小線分 AB は必ず現れることも証明できた．定理 9.1 より，小線分 AB は奇 数個あることが分かったが，さらに詳しく小線分 AB の向きも考慮すると， 小線分 AB が小線分 BA より 1 個多いということも分かっている．線分で なく，三角形についても，この結果と同様な定理が成り立つ．その定理を述 べる前に，三角形分割という言葉を定義する．三角形 D があるとする．D を有限個の小三角形に分割する．その際，小三角形の辺で D の内部にある ものは，ちょうど 2 個の小三角形の辺となっているとする．このような分 割を D の **三角形分割** という．図 9.3 がその例である．図 9.4 は上の性質を 満たしていないため，三角形分割とはいわない．

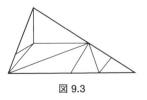

図 9.3

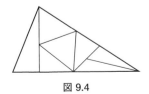

図 9.4

定理 9.2（スペルナー（Sperner）の定理） 三角形 ABC を，好きなように三角形分割をする．小三角形の頂点に次のルールでラベルを付ける．

辺 AB 上の点には A または B,
辺 BC 上の点には B または C,
辺 CA 上の点には C または A,

そして内部の点には，A,B,C のどれでも自由にラベルを付ける（図 9.5）．そのとき，頂点が A, B, C である小三角形が存在する．

証明 辺 AB の個数に着目する．辺 AB をもつ三角形には，もう 1 つの頂点が A のものと，B のものと，C のものがある．それぞれ，α 個，β 個，γ 個あったとする（図 9.6）．これらの三角形には，AB がそれぞれ 2 個，2 個，1 個含まれている．合計すると，$2\alpha + 2\beta + \gamma$ 個である．しかし，内部の辺 AB については 2 度ずつ数えており，外側の辺 AB は 1 度ずつ数えている．内部の辺 AB は n 個，外側の辺 AB は m 個あるとすると，

$$2\alpha + 2\beta + \gamma = 2n + m$$

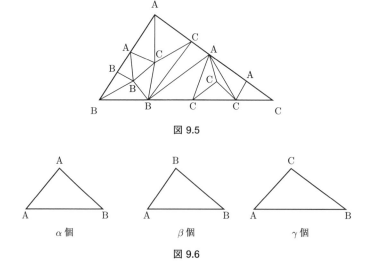

図 9.5

図 9.6

という式が得られる．ところが m は定理 9.1 より奇数であるので，式の右辺は奇数である．よって γ は奇数である．したがって，小三角形 ABC は奇数個あることが分かった．つまり，少なくとも 1 個は存在することが分かった．（証明終）

　線分の場合と同様に，大きい三角形 ABC と同じ向きの小三角形（図 9.7）は，逆向きの小三角形より 1 個だけ多いことも分かっている．

　三角形 ABC が三角形分割されており，小三角形の各点が，定理 9.2 にあるようなルールで A, B, C のラベルが付けられているとき，このようなラベル付けを **スペルナーのラベリング** と呼ぶ．また，3 頂点が A, B, C である小三角形を **完全な小三角形** と呼ぶ．

同じ向きの三角形

逆向きの三角形

図 9.7

9.3　不動点定理

　ここに 1 本の古いゴムがある．両端を両手に持って左右に引っ張る（図 9.8）．そうすると，左端の点は左に動き，右端の点は右に動く．ゴムは古いので，ところどころに伸びやすい部分や伸びにくい部分があり，真ん中の点は留まっているとは限らず，左に動いているかもしれないし右に動いているかもしれない．このような状況のとき，すべての点が動いているように思えるが，実は，全く動かない点が存在するのである．

　このことを，どのように証明したらよいだろうか．

　ゴムを実数直線上におき，左端を 0，右端を 1 の点とする．ゴムを伸ばすと，左端の点は左へ移動し，右端の点は右へ移動する．ゴムの点 x ($0 \leq$

図 9.8

$x \leq 1$) が，もとの位置 x から y だけ移動していれば x に y を対応させる．ここで，正の方向に移動したときは $y > 0$，負の方向に移動したときは $y < 0$ とする．この対応を関数 g とする．つまり，

$$g(x) = y \quad (\text{点 } x \text{ が } y \text{ 移動したとき})$$

と g を定義する．関数 g の定義域は $0 \leq x \leq 1$ である．g をグラフに描くと図 9.9 のようになる．関数 g は，$x = 0$ のときは負の値または 0，$x = 1$ のときは正の値または 0 をとるので，図 9.9 のように，どこかで 0 の値をとるはずである（ゴムは切れていないことより！）．0 の値をとる x の点が，左にも右にも動いていない点である．よって，ゴムには不動点が存在することが示された．

同様にして，次の定理が証明できる．

定理 9.3（不動点定理（1 次元）） 線分 AB から AB への連続関数を f とするとき，f には不動点が存在する．

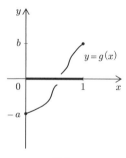

図 9.9

証明 演習問題

以上は不動点定理の 1 次元の場合である．次に 2 次元の場合について考えてみよう．2 次元の場合の不動点定理とは次のような定理である．

定理 9.4（不動点定理（2 次元）） 平面上の凸の有界閉集合を D とする．D から D への連続関数を f とするとき，f は不動点をもつ．ここで D は空集合ではないとする．

この定理に使われている用語の定義をする．

平面上の集合が **凸** であるとは，その集合の任意の 2 点をとったとき，その 2 点を結ぶ線分がその集合に含まれていることである．たとえば図 9.10 の (1),(2),(3) は凸であり，(4),(5),(6) は凸でない．

平面上の集合が **有界** 集合であるとは，その集合を含む円を描くことができるという集合のことである．図 9.10 の (1),(2),(4),(5),(6) は有界であり，(3) は有界でない．

平面上の有界凸集合が **閉集合** であるとは，境界上の点をすべて含んでいる集合のことである．図 9.11 の (1) は閉集合であり，(2) は閉集合でない．

D を平面上の集合とし，f を D から D への関数とする．関数 f の **不動**

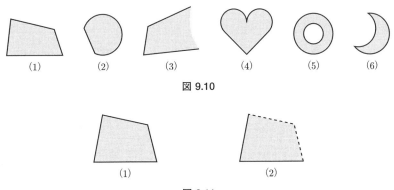

(1)	(2)	(3)	(4)	(5)	(6)

図 9.10

(1)	(2)

図 9.11

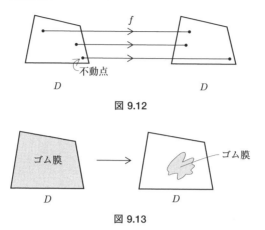

図 9.12

図 9.13

点 とは，$f(x) = x$ となる D の点 x のことである．つまり，x の f による行き先が x 自身であり，x は f により動かない点であることを示している（図 9.12）．

　上の不動点定理というのは，次のような定理である．D の上に薄いゴム膜をぴったりと張る．そのゴム膜を伸ばしたり，縮めたり，折り曲げたりなどして，それを再び D の上にはみ出さないように置く（図 9.13）．（切ったり，端をつないだりしてはいけない．）そのとき，ほとんどの点は前にあった位置から移動しているが，不思議なことに，移動しない点が必ず存在するというのである．

　定理 9.4 の証明の概略を述べる．図形 D が正三角形の場合について考える．（D が正三角形でないとき，D を伸ばして正三角形にすることができる．）D には不動点がないと仮定し，D のすべての点に次のルールでラベルを付ける．

　点が，f により，下の方向に移動しているときは A，右上の方向に移動しているときは B，左上の方向に移動しているときは C とラベルを付ける（図 9.14）．ただし，ちょうど真上に移動しているときは B，ちょうど右に移動しているときは B，ちょうど左に移動しているときは C と付ける．すると，このラベル付けにより，正三角形 D の 3 つの頂点は，図 9.15 のように A，

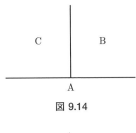

図 9.14

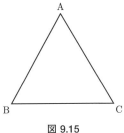

図 9.15

B, C というラベルが付くので，以後，D を三角形 ABC と呼ぶことにする．三角形 ABC を三角形分割する．小三角形の頂点にはすでにラベルが付いているが，そのラベル付けはスペルナーのラベリングとなっている．

図 9.16 のように，どんどん細かくなる三角形分割の列を作る．T_1 における完全小三角形の 1 つを S_1，T_2 における完全小三角形の 1 つを S_2，T_3 における完全小三角形の 1 つを S_3,$\cdots$ とし，$S_1, S_2, S_3, \cdots$ の重心を，それぞれ $C_1, C_2, C_3, \cdots$ とする．$C_1, C_2, C_3, \cdots$ は三角形 ABC における点列であり，三角形 ABC は有界閉集合であるから，点列 $C_1, C_2, C_3, \cdots$ には 1 点に収束する部分点列が存在する（補題）．その収束点には，その点のいくらで

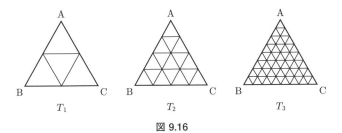

図 9.16

も近いところに A, B, C のラベルをもつ 3 点がある．こういうことは，その点が不動点でなければありえないであろう[1]．平たく言うと，A, B, C のラベルをもつ小三角形がどんどん小さくなり 1 点に収束するとしたら，その点は不動点しかありえない．これは，不動点がないという仮定に矛盾する．よって不動点は存在する．

　以上が証明の概略であるが，完全な証明は，下の補題で述べた有界閉集合の性質や連続関数の定義が必要となるため割愛する．

補題　有界閉集合に無限点列があるとき，その無限点列には，収束する部分点列が存在する（図 9.17）．

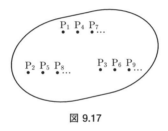

図 9.17

　実は定理 9.4 は，伸ばしたり縮めたりして正三角形に変形できる図形なら

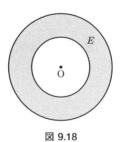

図 9.18

---

[1] 収束点が，たとえばラベル A だとすると，ラベル A の点の非常に近くの点は，やはりラベル A のはずである（f が連続より）．

（凸でなくても）どんなものでも成り立つ．しかし，穴のあいた図形は正三角形に変形できないので駄目である．たとえば，図 9.18 のような図形 E の場合，E の各点を，O を中心にして，ある角度 θ で回転させた点に移す関数 f を考えると，関数 f には不動点は存在しない．

9.4 山登りの問題の答

本章の初めにあげた山登りの問題の答は，次のとおりである．

N 先生の言っていることは正しく，K 君は，昨日と今日の同じ時刻に同じ場所を通った，そういう場所があるのである．麓から山頂までの道の各点に対して，その点を行きに通過した時刻 x に対して，その点を帰りに通過した時刻 y を対応させる（図 9.19）．その対応を f とすると，f は線分 $[7, 19]$ から $[7, 19]$ への連続関数となる．定理 9.3 より，f には不動点が存在する．$f(x) = x$ を与える山道の点は，行きと帰りが同じ時刻 x で通過した点である．

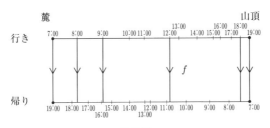

図 9.19

しかし，N 先生は，このような複雑な説明はせずに次のように言った．
N 先生「今朝の 7 時に君が山の頂上を下り始めたとき，昨日の君が山の麓を登り始めたとしてごらん．」
K 君「あ，そうか！ どこかで出会うはずですね．」

9.5　不動点の求め方

　図 9.20 のように長方形の絵があり，その縮小コピーをとって，もとの絵の上にはみ出さないように乗せる（図 9.21）．このとき，もとの絵の各点は，コピーの絵の対応する点に移動している．たとえば，もとの絵の点 A,B,C, D はコピーの絵の点 A′,B′,C′,D′ にそれぞれ移動している．しかし，このとき，すべての点が移動しているわけではなく，定理 9.4 より，移動しない点，すなわち不動点があるはずである．この節では，その点を求めてみよ

図 9.20

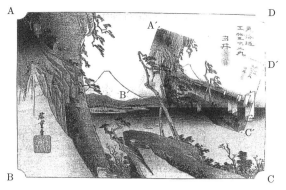

図 9.21

う.（注. もとの絵を D とおくと，D は平面上の凸の有界閉集合である．D の各点をコピーの絵の対応する点へ移動させる関数を f とすると，f は D から D への連続関数である.）

このような状況での不動点の求め方にはいろいろな方法が考えられるが，ある雑誌に優れた方法が載っていたので，それを紹介したい（[14]）.

図 9.22 のように，直線 BC と B$'$C$'$ の交点を S，直線 AD と A$'$D$'$ の交点を T とする．また，直線 AB と A$'$B$'$ の交点を Q，直線 DC と D$'$C$'$ の交点を R とする．すると，ST と QR の交点 F が不動点となる.

この方法で，なぜ不動点が求まるのだろうか．それは，次のように考えると分かりやすい．もとの絵において，BC と平行で，BC と AD の間にある任意の直線 l をひく．それに対応するコピーの絵における直線 l' をひく（図 9.23）．これらの 2 本の直線の交点を Y とすると，Y は T と S を結ぶ直線上の点である（なぜなら，図 9.23 で，平行四辺形 SUTV と SXYZ は相似であるから）．したがって，不動点 F も（上のような Y の 1 つであるから），T と S を結ぶ直線上にある．同様にして，F は Q と R を結ぶ直線上にあることもいえる.

なお，コピーの絵が，BC と B$'$C$'$ が平行であるように置かれているときは，図 9.24 のようにして不動点が求められる（演習問題）.

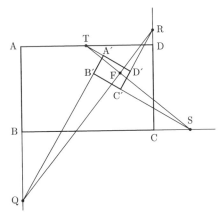

図 9.22

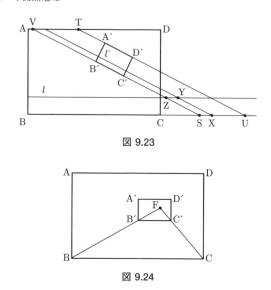

図 9.23

図 9.24

演習問題 9

9.1　絵とその縮小コピー（または拡大コピー）を作り，重ねてみよ．そのときの不動点を求めよ．

9.2　適当な三角形の三角形分割を作り，スペルナーのラベリングを行い，完全小三角形を見つけよ．

9.3　定理 9.3 を証明せよ．

9.4　図 9.24 のように不動点が求められることを証明せよ．

9.5　日本地図を机の上に広げる．そのとき，地図上の地点と今いる地点が一致するという地点はあるか．ただし，今いる場所は日本で，広げた日本地図は日本からはみ出していないとする．

付　　録

バーコードのチェックディジット

　コンビニやスーパーなどで買い物をすると，ほとんどの商品にバーコードがついており，レジのスキャナで読み取ると，レシートには商品名や価格などが打ち出されてくる．バーコードには何が書かれているのだろうか．バーコードには，いろいろな種類があるが，ここでは，普段よく目にする JAN コードと呼ばれる商品識別のためのコードについて説明する．JAN は Japanese Article Number の略称である．

　手元にあるバーコードを見てみよう（下図 (i) 参照）．これは標準タイプといわれるもので 13 桁からなっている．始めの 2 桁は国の番号であり，日本は 49 と 45 が割り当てられている（次頁表参照）．次の 5 桁はメーカーの番号であり，次の 5 桁は商品番号である．（注．中にはメーカー番号が 7 桁，商品番号が 3 桁のものもある．）また，小さい商品には図 (ii) のような短縮タイプのバーコードが印刷されている．短縮タイプでは，メーカー番号は 4 桁，商品番号は 1 桁である．

　(i)　標準タイプ　　　　　　(ii)　短縮タイプ

バーコード

　標準タイプも短縮タイプも，最後の 1 桁はチェックディジットと呼ばれるもので，スキャナがバーコードを正しく読み取ったかどうかを確認するためのものである．

国　番　号

0 ～ 9 (*)	アメリカ合衆国，カナダ	599	ハンガリー
30 ～ 37	フランス	690 ～ 695	中華人民共和国
400 ～ 440	ドイツ連邦共和国	80 ～ 83	イタリア
45, 49	日本	84	スペイン
471	台湾	880	大韓民国
50	イギリス	888	シンガポール

(流通コードセンター資料より作成　(*)2005 年より 00 ～ 13)

　このように，バーコードには国番号，メーカー番号，商品番号が書かれて
いるだけで，商品名や価格などは書かれていない．レジでバーコードを読み
取った後，店内のコンピュータにそれが送られ，商品名や価格がわかるとい
う仕組みになっている．バーコードを使用することにより，商品の売れ行き
が瞬時に分かり，売れ筋商品を刻々と把握することができる．また，商品の
発注が正確にできることや在庫管理も効率よくできることなどの利点があ
り，現在では多くの店で利用されている．

　さて，ここでのテーマはチェックディジットである．JAN コードではチ
ェックディジットは次のように決められている．バーコードの一番右（チェ
ックディジット）を 1 桁目，その左隣りを 2 桁目，そのまた左隣りを 3 桁
目，… と数えることとして，

$$
\begin{aligned}
A = \ & 3 \times (\text{2 桁目の数}) + (\text{3 桁目の数}) \\
& + 3 \times (\text{4 桁目の数}) + (\text{5 桁目の数}) \\
& + 3 \times (\text{6 桁目の数}) + (\text{7 桁目の数}) \\
& + \cdots \\
& + 3 \times (\text{12 桁目の数}) + (\text{13 桁目の数})
\end{aligned}
$$

を計算する．（短縮タイプも同様である．）そして，10 から A の 1 桁目の数
を引いた数が，求めるチェックディジットである．図 (i) の例では，

$$
\begin{aligned}
A = & \ 3 \times 9 + 6 + 3 \times 8 + 4 + 3 \times 0 + 2 + 3 \times 0 + 4 \\
& + 3 \times 2 + 0 + 3 \times 9 + 4 = 104
\end{aligned}
$$

であり，10からAの1桁目の数4を引いた数6がチェックディジットである．実際，図 (i) の例でチェックディジットは6と印刷されている．ただし，もしAの1桁目の数が0だったときは，0がチェックディジットとなる．

　レジでバーコードを読み取った後，コンピュータで上のようにチェックディジットを計算し，実際のチェックディジットと一致しているかどうかを確かめる．もし一致していなければ，読み取りミスがあったことになり，それを知らせてくれる．このようにチェックディジットがあることで，バーコードの読み取りミスを（ある程度）防ぐことができる．ただし，チェックディジットは誤りを検出するためのものであり，その誤りを訂正はしない．

　以上で説明したバーコードは，情報（白黒バー，または数字）が1列に並んでいるので，1次元のコードであるが，最近は2次元コードもよく見かけるようになった．2次元コードはバーコードよりも小さいスペースに情報が書かれているため，傷や汚れやほこりやしわなどの影響を受けやすい．そのため，2次元コードには誤り訂正符号が備わっている．

参考文献

[1] オア著，野口広訳，グラフ理論，河出書房新社（SMSG 新数学双書 5）（1970）．

[2] 浜田隆資，秋山仁共著，グラフ論要説，槇書店（1982）．

[3] ビッグス，ロイド，ウィルソン共著，一松信他訳，グラフ理論への道，地人書館（1986）．

[4] 伊理正夫，古林隆共著，ネットワーク理論，日科技連出版社（1976）．

[5] 高木茂男，中村義作，西山輝夫，有澤誠共著，パズル四重奏 α，サイエンス社（1980）．

[6] 関てるゆき著，手品・奇術入門，西東社（1989）．

[7] レーサー，マクローリン，ウォルフ共著，天王星探査を成功させたボイジャーの技術，サイエンス 日本版 1 月号（1987）．

[8] 宇宙 —— 星と観測，小学館（学習百科図鑑 10）（1990）．

[9] Hakimi, S.L., Optimum locations of switching centers and the absolute centers and medians of a graph, *Operations Research* 12（1964）450-459.

[10] Mendelsohn and Rosa, One-factorizations of the complete graph —— a survey, *J. Graph Theory* 9（1985）43-65.

[11] ガードナー著，野崎昭弘監訳，The Paradox Box，別冊サイエンス，日本経済新聞社（1979）．

[12] M. Henle, *A Combinatorial Introduction to Topology*, Dover, New York（1979）．

[13] 深川久著，三角形の頂点の色分けと不動点定理，
http://www.h-fukagawa.com/documents/sperner-fixedpoint.pdf（2003）．

[14] 岡部恒治著，不動点の求め方，エレガントな解答を求む，数学セミナー 4 月号，日本評論社（1989）．

[15] 岡部恒治，小島誠共著，不動点の存在について，数学セミナー 2 月号，

日本評論社（2002）．

[16] 西山豊著，不動点を見せる，数学セミナー2月号，日本評論社（2002）．

[17] バーコードの基礎（JANコード，ITFコード，UCC/EAN-128コード），(財)流通システム開発センター 流通コードセンター編集発行 (2001)．

演習問題の解答

演習問題 1

1.1 A−木, B−火, C−月, D−水, E−金 と A−木, B−火, C−金, D−月, E−水 の 2 通りある.

1.2 A−1, 4, B−3, 5, C−2 と A−1, 3, B−4, 5, C−2 と A−1, 2, B−3, 5, C−4 の 3 通りある.

1.3 A−セカンド, B−ファースト, C−サード, D−ライト, E−ショート, F−レフト, G−キャッチャー, H−センター, I−ピッチャー (例)

1.4 系 1.2 よりいえる.

演習問題 2

2.1 A−I, B−II, C−III, D−IV, 最小値 21.

2.2 各成分に − (マイナス) をつけて,

	I	II	III	IV
A	−2	−10	−9	−7
B	−15	−4	−14	−8
C	−13	−14	−16	−11
D	−4	−15	−13	−9

の最小問題を解く. 各行にその最小数をたして, 成分がすべて正となるようにしておく.

	I	II	III	IV
A	8	0	1	3
B	0	11	1	7
C	3	2	0	5
D	11	0	2	6

第 4 列からその最小数をひく.

	I	II	III	IV
A	8	0	1	0
B	0	11	1	4
C	3	2	0	2
D	11	0	2	3

よって, A−IV, B−I, C−III, D−II, 最大値 53.

2.3 (例) A−肉, B−じゃがいも, C−にんじん, D−玉ねぎ, 合計金額は 250 円.

2.4 A, B, C, D, E が 5 軒目の家 V へ行くのにかかる時間を,適当に (たとえば 30 分と) 定める.

	I	II	III	IV	V
A	28	8	6	13	30
B	10	5	12	13	30
C	6	22	22	29	30
D	8	15	19	28	30
E	14	19	11	22	30

各行から,それぞれの行の最小数をひく.

	I	II	III	IV	V
A	22	2	0	7	24
B	5	0	7	8	25
C	0	16	16	23	24
D	0	7	11	20	22
E	3	8	0	11	19

第 IV 列と第 V 列から,それぞれの列の最小数をひく.

	I	II	III	IV	V
A	~~22~~	~~2~~	0	~~0~~	~~5~~
B	~~5~~	~~0~~	7	~~1~~	~~6~~
C	0	16	16	16	5
D	0	7	11	13	3
E	~~3~~	~~8~~	0	~~4~~	~~0~~

4 本の線で,上のように 0 を消す.線のひかれていない成分の中で 3 が最小の数であるので,本文の説明のとおりに変形する.

	I	II	III	IV	V
A	25	2	0	0	5
B	8	0	7	1	6
C	0	13	13	13	2
D	0	4	8	10	0
E	6	8	0	4	0

となり,よって,A–IV, B–II, C–I, E–III, 総時間は 35 分.

2.5 I を I と I′, II を II と II′ の 2 つに分ける.また,* のついているところは 1000 をたしておく.

	I	I$'$	II	II$'$	III	IV	V
A	60	60	72	72	98	158	168
B	104	104	122	122	130	204	202
C	126	126	100	100	42	200	132
D	100	100	54	54	70	1110	1050
E	152	152	104	104	70	164	1036
F	132	132	112	112	166	50	106
G	70	70	40	40	1056	140	112

各行から，それぞれの行の最小数をひく．

	I	I$'$	II	II$'$	III	IV	V
A	0	0	12	12	38	98	108
B	0	0	18	18	26	100	98
C	84	84	58	58	0	158	90
D	46	46	0	0	16	1056	996
E	82	82	34	34	0	94	966
F	82	82	62	62	116	0	56
G	30	30	0	0	1016	100	72

第 V 列から，その最小数 (56) をひく．

	I	I$'$	II	II$'$	III	IV	V
A	0	0	12	12	38	98	52
B	0	0	18	18	26	100	42
C	84	84	58	58	0	158	34
D	46	46	0	0	16	1056	940
E	82	82	34	34	0	94	910
F	82	82	62	62	116	0	0
G	30	30	0	0	1016	100	16

最少本数の線 (6 本) を使ってすべての 0 を消す．

	I	I$'$	II	II$'$	III	IV	V
A	~~0~~	~~0~~	~~12~~	~~12~~	~~38~~	~~98~~	~~52~~
B	~~0~~	~~0~~	~~18~~	~~18~~	~~26~~	~~100~~	~~42~~
C	84	84	58	58	0	158	34
D	~~46~~	~~46~~	~~0~~	~~0~~	~~16~~	~~1056~~	~~940~~
E	82	82	34	34	0	94	910
F	~~82~~	~~82~~	~~62~~	~~62~~	~~116~~	~~0~~	~~0~~
G	~~30~~	~~30~~	~~0~~	~~0~~	~~1016~~	~~100~~	~~16~~

線のひかれていない成分の中で 34 が最小の数であるので，34 を使って本文の説明のとおりに変形する．

	I	I′	II	II′	III	IV	V
A	0	0	12	12	72	98	52
B	0	0	18	18	60	100	42
C	50	50	24	24	0	124	0
D	46	46	0	0	50	1056	940
E	48	48	0	0	0	60	876
F	82	82	62	62	150	0	0
G	30	30	0	0	1050	100	16

よって, A, B は支店 I, C は支店 V, D, G は支店 II, E は支店 III, F は支店 IV に配属するとよい. 1 か月の交通費総額は, $60 + 104 + 132 + 54 + 70 + 50 + 40 = 510$ (百円) である.

演習問題 3

3.1 $5 \to 3 \to 1 \to 2 \to 4$

3.2 ミートローフ $\to$ グラタン $\to$ ケーキ $\to$ クッキー

3.3 弟 $\to$ 姉 $\to$ 母 $\to$ 父

3.4 $2 \to 4 \to 1 \to 5 \to 3$

演習問題 4

4.1 (1) $1101_{(2)} = 13$ (2) $11100_{(2)} = 28$

(3) $30_{(10)} = 1 \times 2^4 + 1 \times 2^3 + 1 \times 2^2 + 1 \times 2^1 + 0 \times 2^0$ より, $30_{(10)} = 11110_{(2)}$

(4) $257_{(10)} = 1 \times 2^8 + 0 \times 2^7 + 0 \times 2^6 + 0 \times 2^5 + 0 \times 2^4 + 0 \times 2^3 + 0 \times 2^2 + 0 \times 2^1 + 1 \times 2^0$ より, $257_{(10)} = 100000001_{(2)}$

4.2 (2), (5), (1), (3), (4)

4.3 (1) $1110_{(2)}$ (2) $1101000_{(2)}$ (3) $1000_{(2)}$ (4) $1101_{(2)}$

4.4 k 進法で考えると, $121_{(k)} = k^2 + 2 \times k + k^0 = (k+1)^2$. よって 121 は平方数である.

4.5 9 月 27 日生まれ, 20 才.

4.6

1	3	2	3	4	5	8	9
5	7	6	7	6	7	10	11
9	11	10	11	12	13	12	13
13	15	14	15	14	15	14	15

4.7 $1\,g, 2\,g, 4\,g, 8\,g, 16\,g$ の分銅を 1 個ずつ用意すればよい. これら 5 個の分銅があれば, 1 g から 31 g まで 1 g 単位ではかることが可能である. (2 進数表示をするとわかる.) 5 個より少なくできないことは次のようにしてわかる. 4 個の分

銅 A, B, C, D ではかれる重さの種類は, A を皿にのせるかどうかで 2 通りの場合
があり, それぞれの場合についてさらに, B を皿にのせるかどうかで 2 通りの場合
がある. このように, それは $2^4 = 16$ 通りしかない. したがって, 4 個の分銅で 30 通
りの重さをはかることは不可能である.

4.8 (1) 1011010　　(2) 第 3 列の 1 が誤りで, 正しくは 1000011.

演習問題 5

5.1 一筆書きができるのは (1), (2), (3), (4) である.

5.2 グラフに表すと図 A.1 となる. 奇点が 2 個あるので, それらを始点, 終点とす
るルートができる (略).

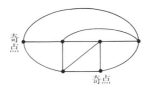

図 A.1

5.3 すべて偶点なので一筆書きができる (略).

5.4 A 駅を始点, ホテルを終点とする一筆書きができる (略).

5.5 (例) A – B – A – C – A – D – E – F – E – G – E – H – E – I –
E – D – A

5.6 図 A.2. (例) F – H – A – B – C – D – G – E – F

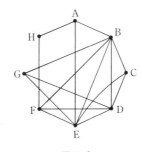

図 A.2

演習問題 6

6.1 京都

6.2 家 F

6.3 地点 X

演習問題 7

7.1 図 A.3.

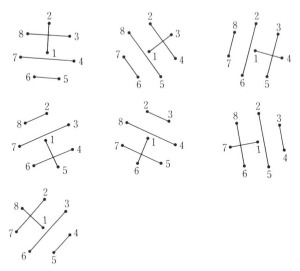

図 A.3

7.2 図 A.4.

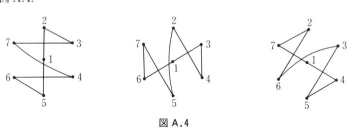

図 A.4

7.3 8 人の人を 1, 2, 3, 4, 5, 6, 7, 8 と書く. 図 A.3 より次を得る.

第 1 日 1-2, 3-8, 4-7, 5-6
第 2 日 1-3, 4-2, 5-8, 6-7
第 3 日 1-4, 5-3, 6-2, 7-8
第 4 日 1-5, 6-4, 7-3, 8-2
第 5 日 1-6, 7-5, 8-4, 2-3
第 6 日 1-7, 8-6, 2-5, 3-4
第 7 日 1-8, 2-7, 3-6, 4-5

7.4 チーム名を A, B, C, D, E, F, G, H, I とする. 図 A.5 の図形を 1 回転させる.

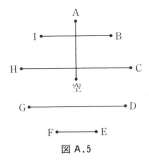

図 A.5

第 1 節　A (審判),　B–I,　C–H,　D–G,　E–F
第 2 節　B (審判),　C–A,　D–I,　E–H,　F–G
第 3 節　C (審判),　D–B,　E–A,　F–I,　G–H
第 4 節　D (審判),　E–C,　F–B,　G–A,　H–I
第 5 節　E (審判),　F–D,　G–C,　H–B,　I–A
第 6 節　F (審判),　G–E,　H–D,　I–C,　A–B
第 7 節　G (審判),　H–F,　I–E,　A–D,　B–C
第 8 節　H (審判),　I–G,　A–F,　B–E,　C–D
第 9 節　I (審判),　A–H,　B–G,　C–F,　D–E

7.5 図 A.6 の図形を 1 回転させると材料の組合せが得られ, 7 週間分のメニューを作ることができる.

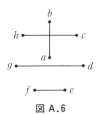

図 A.6

第 1 週　a と b,　c と h,　d と g,　e と f
第 2 週　a と c,　d と b,　e と h,　f と g
第 3 週　a と d,　e と c,　f と b,　g と h
第 4 週　a と e,　f と d,　g と c,　h と b
第 5 週　a と f,　g と e,　h と d,　b と c
第 6 週　a と g,　h と f,　b と e,　c と d
第 7 週　a と h,　b と g,　c と f,　d と e

7.6 教師を X, 生徒を $1, 2, 3, \cdots, 20$ とおき, 図 A.7 の図形を半回転させる. 司会の決め方はいろいろあるが, たとえば対角線 (太線 6 − 16) を司会とする. (　) 内は司会である.

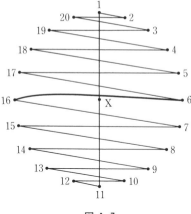

図 A.7

第1回 (6, 16) X − 1 − 2 − 20 − 3 − 19 − 4 − 18 − 5 − 17 − 6 − 16 − 7 − 15 − 8
      −14 − 9 − 13 − 10 − 12 − 11 − X

第2回 (7, 17) X − 2 − 3 − 1 − 4 − 20 − 5 − 19 − 6 − 18 − 7 − 17 − 8 − 16 − 9
      −15 − 10 − 14 − 11 − 13 − 12 − X

第3回 (8, 18) X − 3 − 4 − 2 − 5 − 1 − 6 − 20 − 7 − 19 − 8 − 18 − 9 − 17 − 10
      −16 − 11 − 15 − 12 − 14 − 13 − X

第4回 (9, 19) X − 4 − 5 − 3 − 6 − 2 − 7 − 1 − 8 − 20 − 9 − 19 − 10 − 18 − 11
      −17 − 12 − 16 − 13 − 15 − 14 − X

第5回 (10, 20) X − 5 − 6 − 4 − 7 − 3 − 8 − 2 − 9 − 1 − 10 − 20 − 11 − 19 − 12
      −18 − 13 − 17 − 14 − 16 − 15 − X

第6回 (11, 1) X − 6 − 7 − 5 − 8 − 4 − 9 − 3 − 10 − 2 − 11 − 1 − 12 − 20 − 13
      −19 − 14 − 18 − 15 − 17 − 16 − X

第7回 (12, 2) X − 7 − 8 − 6 − 9 − 5 − 10 − 4 − 11 − 3 − 12 − 2 − 13 − 1 − 14
      −20 − 15 − 19 − 16 − 18 − 17 − X

第8回 (13, 3) X − 8 − 9 − 7 − 10 − 6 − 11 − 5 − 12 − 4 − 13 − 3 − 14 − 2 − 15
      −1 − 16 − 20 − 17 − 19 − 18 − X

第9回 (14, 4) X − 9 − 10 − 8 − 11 − 7 − 12 − 6 − 13 − 5 − 14 − 4 − 15 − 3 − 16
      −2 − 17 − 1 − 18 − 20 − 19 − X

第10回 (15, 5) X − 10 − 11 − 9 − 12 − 8 − 13 − 7 − 14 − 6 − 15 − 5 − 16 − 4 − 17
      −3 − 18 − 2 − 19 − 1 − 20 − X

演習問題 8

8.1 図 A.8

8.2 AD, BD, AC 間，6 時間

8.3 {AB, CD, AD, DE} と {AB, CD, BD, DE} のどちらでもよい.

  $8 + 14 + 16 + 18 = 56$ (百万円)

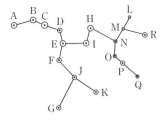

図 A.8

8.4 三角形の 2 辺の和は他の 1 辺よりも長いことを使う.

(1) QA + QC < PA + PC, QB < PB より示される.

(2) AB < QA + QB, AC < QC より, 第 1 の不等号が示される. QA + QB < PA + PB, QC < PC より, 第 2 の不等号が示される.

8.5 規則 8.2 にしたがいシュタイナー・ポイントを求める. 図 A.9 の PA, PB, PC が最短トンネル網である.

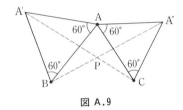

図 A.9

8.6 図 A.10

または

図 A.10

演習問題 9

9.1 作図により求める.

9.2 略

9.3 線分 AB を実数直線上におき, 点 A を 0, 点 B を 1 とする. すると, f は $[0,1]$ から $[0,1]$ への連続関数となる. 本文と同様に g を定義する.(以下同様)

9.4 不動点を F とする. 線分 BF は点 B′ を通ることを示す. 線分 BF は縮小コピーにおいては線分 B′F である. したがって, 線分 BF と BC がなす角と, 線分 B′F と B′C′ がなす角は等しい. BC と B′C′ は平行であるから, 線分 BF は点 B′ を通ることがわかる. よって, 点 B,B′,F は一直線上にある. 同様に点 C,C′,F は一直線上にある. したがって, 点 F は直線 BB′ と CC′ の交点にある.

9.5 ある. 今いる地点を指でさしたとき, その点がそうである.

索　引

149

著者紹介

小林みどり（こばやし みどり）

1974 年　お茶の水女子大学理学部数学科卒業
1977 年　お茶の水女子大学大学院理学研究科修士課程修了
1980 年　東京都立大学大学院理学研究科博士課程単位取得
　　　　長崎大学経済学部講師，静岡県立大学教授を経て，
現　　在　静岡県立大学名誉教授
主要著書　よくわかる！ グラフ理論入門（単著，共立出版，2021），大学必修
　　　　情報リテラシ（共著，共立出版，2009）

※本書は 2005 年 4 月に㈲牧野書店から刊行されましたが，共立出版㈱が継承し発行するものです。

文科系のための応用数学入門	著　者　小林みどり　ⓒ 2021
An Introduction to *Applied Mathematics for Beginners*	発行者　南條光章
	発行所　**共立出版株式会社**
2021 年 4 月 1 日　初版 1 刷発行	〒112-0006 東京都文京区小日向 4-6-19 電話番号　03-3947-2511（代表） 振替口座　00110-2-57035 www.kyoritsu-pub.co.jp
	印　刷　大日本法令印刷 製　本
検印廃止 NDC 410 ISBN 978-4-320-11448-7	一般社団法人 自然科学書協会 会員 Printed in Japan